모든 순간이 여행이며 우리의 모든 추억은 찬란하다.

당신에게, 여행

최갑수 빈티지트래블

CONTENTS

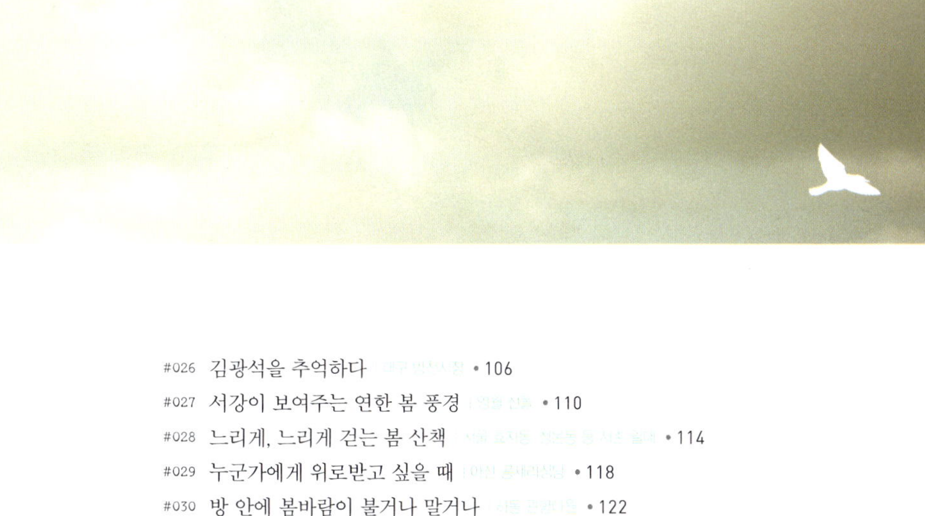

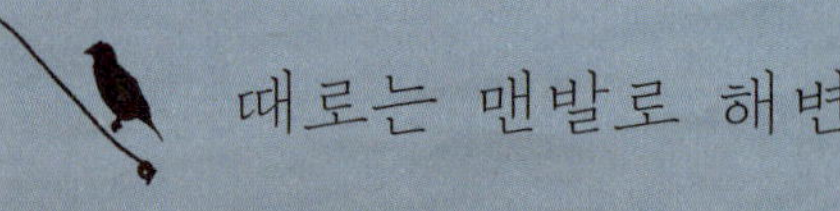

때로는 맨발로 해변을 걷는 일

삼척 맹방해변

때로는 맨발로 해변을 걷는 일

삼척 맹방해변

아무도 없이 텅 빈 해변. 모래밭은 아득하게 펼쳐지고 오직 푸른빛으로만 이루어진 바다가 끝도 없이 이어진다. 유선형의 해안선은 반달처럼 부드럽게 휘어져 있다.

신발을 신고 걷기에는 해변이 너무 아깝다. 신발을 벗고 모래밭으로 내려선다. 발바닥에 닿는 모래의 감촉이 부드럽고도 따뜻하다. 쉴 새 없이 밀려드는 파도가 눈앞에서 부서지고, 끊임없이 흰 포말을 토하며 부딪치는 파도소리가 귓전을 때린다. 해수욕장의 오른쪽 끝 바닷가에는 덕봉산이 섬처럼 떠 있어 멋진 경관을 뽐낸다. 모래가 너무 고와서 바람이 많이 불면 서해안의 해안사구처럼 모래자국이 생기기도 한다.

햇살을 받은 바닷물은 은빛으로 반짝이고 소풍을 나온 가족들이 파라솔 아래 앉아 음식을 나눠 먹고 있다. 수평선 가까이 몇 척의 어선이 바람을 타며 흔들거리고 있다.

평화롭고 한가롭기만 한 풍경을 바라보며 느린 걸음으로 걷는 일, 어쩌면 이런 사소한 일이 우리의 인생을 풍요롭고 행복하게 만드는 것인지도 모르는 일이다.

TRAVEL NOTE

· 9~10월, 찬바람이 슬슬 불기 시작할 때, 한적한 해변을 즐길 수 있다.

· 삼척레일바이크(033-576-0656)를 타보자. 삼척시 근덕면 궁촌역에서 출발할 수도 있고, 용화역에서 출발할 수도 있다. 운행구간이 5.4km로 제법 길다. 하지만 오르막길에서는 페달을 밟지 않아도 전동으로 움직이고 내리막길도 몇 곳 있으니 큰 부담 가질 필요는 없다. 페달을 저어 가다보면 아름다운 해변이 연이어 나타난다.

푸른 바다 속을 걷다
| 통영 동피랑

통영항 중앙시장 뒷편, 남망산 조각공원과 마주보는 봉긋한 언덕배기에 '동피랑'이라는 마을이 있다. 거미줄처럼 이어진 전깃줄, 바닷바람에 펄럭이는 빨래, 녹슨 창살……. 우리 삶의 사소한 모든 것들이 옹기종기 모여 하나의 시큰한 풍경을 이루고 있다.

벽화가 그려지기 전 동피랑은 철거 예정지였는데, 2006년 한 시민단체가 "달동네도 가꾸면 아름다워질 수 있다"며 공모전을 연 이후 상황이 바뀌었다. 전국 각지에서 미술학도들이 몰려들었고, 골목 곳곳마다 아름다운 벽화를 그렸다. 허름한 달동네는 바닷가의 벽화마을로 새로 태어났다.

벽화를 감상하며 골목을 걷는 재미가 쏠쏠하다. 커다란 고래가 그려진 벽화도 있고 작은 물고기들이 헤엄치는 그림도 있다. 온통 푸른 바다로 가득 찬 벽도 있다.

골목을 걷다 보면 이곳 저곳에서 사진을 찍으러 온 이들과 만난다. 골목 모퉁이에서, 노랗게 칠해진 창문 앞에서, 귀여운 그림 앞에서 사진을 찍는다. 모두가 행복한 표정이다.

마을 입구에 '파고다 카페'라는 재미있는 이름을 가진 가게가 있다. 간판만 카페이지 사실은 한 평 남짓한 구멍가게다. 과자와 음료수, 컵라면 등을 판다. 가게 이름이 파고다 카페로 붙게 된 내력은 이렇다. 어느 날 가게를 찾은 누군가가 이곳을 두고 "마치 영화 속 '바그다드 카페' 같다"고 했단다. 이 이야기를 들은 주인 할아버지는 다음날 가게에 '파고다 카페'라고 써넣었다. 귀가 어두운 할아버지는 '바그다드 카페'를 '파고다 카페'

로 잘못 알아들은 것이다.

낮의 동피랑도 좋지만 동피랑이 예쁠 때는 저물 무렵이다. 해가 지고 가로등에 불이 하나 둘 켜지면 동피랑 벽화의 색감은 한층 짙어지고 화려해진다. 저녁바다의 푸른색도 더욱 깊어진다.

동피랑에서 저녁의 통영바다를 꼭 보시길. 이런 예쁜 골목 하나쯤 알게 됐다는 것이 새삼 기분 좋게 느껴질 것이다.

· 3월. 따뜻한 봄햇살이 당신 어깨를 비출 것이다.
· 봉평동의 전혁림 미술관(055-645-7349)은 통영의 눈부시게 푸른 바다와 강렬한 햇빛을 볼 수 있는 곳이다. 한국추상화의 대가 전혁림 화백의 작품 70여 점을 모아 놓았다.

이토록 쓸쓸한 풍경

신안 증도 태평염전

증도는 작은 섬이다. 자동차로 휘휘 돌아보는 데 1시간이 채 걸리지 않는다. 2007년 아시아 최초로 국제슬로시티연맹으로부터 치타슬로^{chittaslow, 슬로시티의 국제적 공식명칭} 인증을 받았다. '슬로시티' 운동은 1999년 이탈리아 몇몇 작은 마을들에서 시작됐는데, 자연과 전통문화가 잘 보호되어 있고 패스트푸드점이 없는 등의 여러 규정 항목을 심사해 슬로시티 지정여부를 결정한다.

증도가 유명한 건 태평염전이라는 거대한 염전 때문이다. 4.6㎢, 140만 평이나 된다. 국내에서 가장 크다. 연간 1만 6,000톤의 소금을 생산한다. 국내 천일염의 6퍼센트다.

광활한 소금밭과 이를 가르며 길게 서 있는 소금창고. 사진 찍는 이에겐 최고의 오브제다. 사진을 찍는답시고 비금도와 영광 등 국내 염전을 많이 찾아다녔지만 증도 만한 곳이 없었다.

소금창고에 렌즈를 들이대다보면 문득 눈시울이 따끈해지곤 한다. 서 있는 모습이 영락없는 '신파' 다. 허름하고 처량하고 슬프고 외롭다. 속에는 짜디짠 눈물을 가득 담고 있다. 나이를 먹어간다는 것, 늙어간다는 것의 새삼스러움. 모든 기다리는 자들의 모습은 저러할 것 같다. 악착같이 서 있을 것 같다.

TRAVEL NOTE

· 7~8월에 찾아야 염부들을 찍을 수 있다. 비가 오시 않아야 된다. 미리 날씨를 체크할 것.
· 서해안고속도로 북무안IC로 나온다. 염전 전체를 조망하려면 염전 입구 야산에 마련된 소금밭 전망대에 오르면 된다. 소금밭 전체는 물론 멀리 증도대교까지 한 눈에 조망할 수 있다. 증도의 대표적인 해수욕장은 우전해수욕장이다. 제법 규모가 크다. 백사장 길이가 4km가 넘는다. 모래가 곱고 부드러운데다 폭도 100m에 달한다. 우전해수욕장에서 유명한 것은 비치파라솔. 동남아 휴양지 해변에서 종종 볼 수 있는 것으로 삿풀로 만들었다. 이 때문에 해변은 이국적 분위기가 물씬 풍긴다.

자작나무숲에선 깊은 심호흡을
| 횡성 미술관 자작나무숲

횡성에 순백으로 빛나는 눈부신 자작나무숲이 있다. 그리고 그 숲속엔 예쁜 미술관까지 들어서 있다. '미술관 자작나무숲'이다. 약 3만 3,000㎡ 규모의 미술관 부지에 자작나무와 스튜디오 갤러리, 전시장 등이 자리하고 있다.

주차장에 차를 대고 입구로 가면 예쁜 매표소가 서 있다. 입장료는 만원. 돈을 내면 엽서 한 장을 내주는데, 나중에 이 엽서를 스튜디오 갤러리에 보여주면 커피를 마실 수 있다.

'미술관 자작나무숲이라… 이름 참 예쁘다'. 딱 이 말 한 문장을 마음 속으로 웅얼거리며 걷는 동안 아, 하는 탄성이 터져나오고 만다. 철쭉과 앵초와 이런저런 꽃들이 무더기로 피어있는 정원에는 자작나무가 비스듬히 자라고 그 사이로 오솔길이 나 있다. 오솔길 끝에는 통나무집이 그림처럼 서 있다. 카페다. 드르륵 문을 열고 들어가면 클래식 음악이 귓전에 울린다. 사진 관련 잡지도 볼 수 있고 원종호 관장이 찍은 사진도 감상할 수 있다. 정원으로 난 커다란 유리창 앞에는 원관장이 사용했을 법한 커다란 카메라 삼각대들이 서 있다. 카페에서 나와 오른쪽으로 가면 제1전시실이다. 이곳에서는 다양한 작가들의 기획 전시전이 열린다.

카페 앞으로 사람 한 명이 걸어갈 만한 오솔길이 나 있다. 이 길을 따라가면 자작나무숲으로 들어갈 수 있다. 자작나무 숲 사이 철쭉이 화들짝 피어있고 금낭화며 은방울꽃이 흔들린다. 숲에서는 자작나무가 뿜어내는 신선한 향기로 가득하다. 이런 날은 전화를 받지 말아야지. 휴대전화를 꾹 눌러 끄고 가방 속에 꼭 꼭 눌러넣는다. 그리고 이것들의 정체는 무엇일까.

오솔길을 걸을 때마다 느껴지는 이 기분 좋은 감각들, 감촉들. 조용히 부풀었다가 잦아들곤 하는 나무의 숨결들 그리고 나무들 사이로 여려졌다 짙어지는 햇빛들. 햇빛들 사이를 비집고 다니는 바람들. 나는 5월이 오래도록 내 몸에 배이도록 나무들 사이에 가만히 서 있다.

그래, 하루키가 이렇게 말했었지. 아르마니 정장에 재규어를 몰고 다녀도 결국 개미와 다를 바 없다고. 일하고 또 일하다가 의미도 없이 죽는 거지. 때로는 이렇게 멈춰 서서 심호흡을 하고 머릿속을 나무와 나비, 바람에 대한 생각으로 가득 채워보는 것이 더 중요한 일이 아닐까.

이런저런 생각을 하며 산책길을 따라가다 보니 제2전시실이 나온다. 원관장의 작품을 상설 전시하고 있는 곳이다. 문을 열고 들어서면 가장 먼저 보이는 사진이 푸른색 바탕에 하얗게 빛나는 자작나무 사진이다. 초점이 안 맞은 사진은 마치 유화 같은 질감을 느끼게 한다. 이 사진이 백두산 입구에서 만난 자작나무다.

미술관 뒤편 언덕배기에는 아담한 펜션 두 채가 자리하고 있다. 자작나무 숲 속에서 고요한 며칠을 보내고 싶은 이들을 위한 곳이다. 이곳에는 TV도 없고 컴퓨터도 없다. 집은 마치 '내게 아무것도 묻지 마세요. 오늘 단지 쉬고 싶을 뿐이에요' 이렇게 말하는 듯 완고한 자세로 서 있다.

TRAVEL NOTE

· 5월 말, 자작나무에 초록잎이 돋고 철쭉이 필 무렵.
· 영동고속도로 새말IC로 나와 횡성방향으로 좌회전해 약 4km를 간다. 두곡리에 이르면 미술관 이정표가 보인다. 미술관 가는 길이 좁으니 운전에 주의할 것. 오전 10시부터 일몰시까지 문을 연다. 입장료 성인 10,000원, 3~19세 7,000원. 자작나무 미술관(033-342-6833, www.jjsoup.com)

가만히 서 있는 것만으로도 고마워

| 양평 구둔역

꼬불꼬불 산길을 따라간다. 도무지 역이 있을 것 같지 않다. 정말 이런 곳에 역이 있을까, 하는 의문이 드는 순간 예쁘고 아담한 간이역이 나타난다. 구둔역이다. 영화 〈건축학개론〉 촬영지다.

구둔역이 자리한 구둔마을은 임진왜란 때 이곳에 9개의 진지가 구축됐다고 해서 붙여진 이름. 구둔역은 10년 전까지만 해도 제법 북적거리는 역이었다. 용문산 일대에서 약초와 취나물, 두릅을 뜯어 경동시장으로 팔러 나가는 노인들이 새벽기차를 타기 위해 구둔역을 찾았다. 양평에 장이 서는 날이면 장보러 가는 주민들과 기차로 통학하는 학생들로 붐볐다.

하지만 이제는 옛말이다. 젊은이들은 거의 떠나갔고 마을에도 자동차가 늘어나면서 기차를 타는 사람은 없다. 구둔역에도 하루 90여 대의 기차가 들어오지만 그냥 지나치는 통과열차다. 청량리에서 출발한 무궁화호 열차가 하루 세 번 설 뿐이다. 지난 1996년부터는 아예 기차표를 팔지 않는 간이역으로 전락했다.

1940년 보통역으로 영업을 시작한 구둔역. 지금의 모습은 처음 생길 때와 별반 달라지지 않았다. 시멘트와 목조로 건축된 역사는 세월의 흔적을 그대로 간직한 채 서 있다. 녹색 페인트로 덧칠한 대합실 나무벤치엔 구둔마을 사람들의 체취가 오롯이 배어 있다.

은행나무와 향나무가 오고 가는 이를 보내고 맞는 구둔역은 역이 아니라 예쁜 정원 같다. 구둔역은 2006년 '대한민국 근대문화유산'으로 지정됐고 한국에서 가장 아름다운 간이역으로 뽑히기도 했다.

가끔 존재하고 있는 것만으로도 고마운 것들이 있다. 사라지지 않고 그 자리에 그 모습으로 가만히 서 있는 것들. 그것들을 보는 것만으로도 좋다. 그냥 마음이 편해진다. 딱히 이유를 설명할 수는 없지만, 왜 그런 것들 있지 않나. 책상 서랍 속에 고요히 들어앉아 있는 조개껍질이나 여행에서 주워 온 돌멩이 같은 것들. 딱히 생활에 필요한 것들은 아니지만 뭔가 자신의 삶에 온기를 불어넣어주는 그런 것들. 구둔역도 그런 것들 중에 하나다.

TRAVEL NOTE

· 녹음이 울창해지는 6월. 덜 쓸쓸하다.
· 용문면 삼성리에 가면 레일바이크(031-775-9911)를 체험해 볼 수 있다. 중앙선이 개통되면서 폐선이 된 철로를 이용해 개발한 것으로 용문~원덕까지 왕복 6.4km 구간을 레일을 따라 달린다. 왕복하는 데 걸리는 시간은 약 1시간 20여 분. 중간에 하차 구간에 20여 분 정도 휴식시간이 있어 실제로는 1시간이면 충분하다.

정지
7

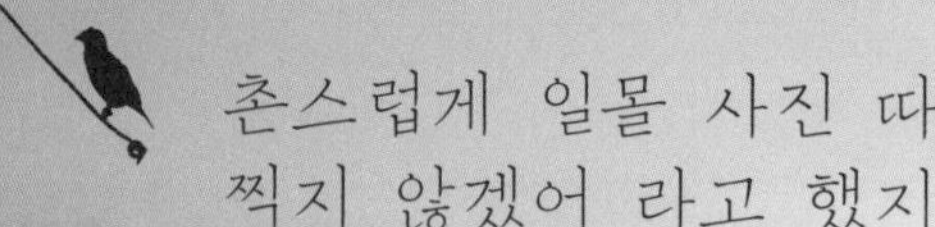

촌스럽게 일몰 사진 따위는
찍지 않겠어 라고 했지만

사천 실안 해안도로

촌스럽게 일몰 사진 따위는
찍지 않겠어 라고 했지만

남해고속도로 사천IC를 빠져 나온 후 3번 국도를 따라 남쪽으로 계속 달리면 삼천포다. '잘 나가다가 삼천포로 빠진다' 는 그 삼천포다.

모충공원에서 삼천포대교공원을 거쳐 늑도까지 이어지는 길이 실안 해안도로인데, 노을 지는 풍광이 아름답기로 유명하다.

해안도로는 드라이브를 즐기기에 좋다. 길은 적당히 휘어지며 바다를 끼고 앞으로 쭉쭉 뻗어나간다. 차창 속으로는 시큼한 바닷바람이 밀려든다. 뜬금없는 이야기 같지만 바닷길을 따라가며 드라이브를 즐기다 보면 무엇인가를 소유하려 애쓴다는 것이 참 피곤한 일이라는 생각이 들곤 한다. 구체적으로, 논리적으로 설명할 수는 없지만, 차창으로 슥슥 지나가는 풍경들을 보고 있자면, 아무튼 지금 내가 가지고 있는 것만으로도 내 삶은 이미 충분하지 않을까 하는 생각이 들곤 한다.

드라이브는 선상카페에서 끝난다. 바다 위 둥둥 뜬 수상카페다. 영화에서나 보았던 길다란 말뚝으로 만들어진 다리로 이어져 있다. 저녁이면 카페 뒤로 노을이 번진다. 한국에서는 쉽사리 볼 수 없는 이국적인 풍경을 그려낸다. 너무 예뻐서, 촌스럽게 일몰 사진 따위는 찍지 않겠어 라던 다짐이 스르르 자취를 감추고 만다.

TRAVEL NOTE

· 낙조를 찍으려면 11~1월 무렵, 대기가 깨끗한 겨울이 좋다.
· 낙조 촬영 포인트는 삼천포해상관광호텔 부근. 호텔 앞바다에 죽방렴이 설치되어 있는데, 저도, 마도 둥근섬, 신도 등 크고 작은 섬과 등대가 어울려 다이내믹한 풍경을 빚어낸다. 죽방렴은 원시어업의 한 형태로 물살이 세며 수심이 얕은 개펄에 V자 모양으로 참나무 말뚝을 박고 대나무로 엮은 그물을 설치한 어구다. 선상카페의 주소는 경남 사천시 송포동 1344-7.

작고 귀여운 프랑스 마을

서울에서 한 시간 남짓 차를 몰았을까. 청평댐에서 남이섬 방향으로 구불구불 산길을 달리다 이런 산중에 뭐가 있으려나 싶을 때쯤 빨간 지붕을 얹은 하얀 건물들이 보인다. 산골짜기에 난데 없는 유럽풍 건물들이 한눈에 들어온다. 쁘띠 프랑스다. 지난 2008년 7월 프랑스 남부지방 전원마을의 분위기를 그대로 재현해 문을 열었다. 쁘띠 프랑스란 '작고 예쁜 프랑스'란 뜻이다.

쁘띠 프랑스에 들어서면 생텍쥐페리의 〈어린 왕자〉에 등장하는 어린 왕자와 여우 등이 서 있다. 붉은 벽돌이 깔린 길을 따라 걷다 보면 이름 '쁘띠'에서 느껴지듯 귀여운 소품과 아기자기하게 꾸며진 볼거리가 가득하다.

꼭 둘러봐야 할 곳은 생텍쥐페리 기념관이다. 생텍쥐페리의 탄생과 성장기, 그리고 죽음까지 일대기를 다양한 사진과 이야기로 설명한 것은 물론 〈어린 왕자〉, 〈야간 비행〉 등 작품 해설과 뒷얘기가 잘 정리돼 있다. 어린 왕자를 펜으로 그린 스케치, 소혹성에 앉은 어린 왕자에 채색까지 한 그림은 1946년 프랑스에서 발간된 원본이다. 세계에서도 몇 점 없는 작품이어서 눈길이 간다.

프랑스 전통 주택관에도 들러보자. 150년 전 프랑스 고택을 그대로 재현했다. 의자, 침대, 욕조 등 가구뿐 아니라 기둥, 기와, 바닥, 창까지 프랑스에서 공수했다. 화장실 변기도 재현돼 있다.

중세시대 마을의 침입자를 감시하던 망루는 전망대로 이용된다. 전망대에는 마을 전경이 시원하게 펼쳐지고, 호명산과 청평호수가 한눈에 들어온다. 주변의 야생화와 어울려 더없이 아름답다.

오르골하우스도 쁘띠 프랑스가 자랑하는 공간이다. 태엽을 감아 아름다운 소리를 만들어 내는 오르골을 전시해 놓았다. 200년 된 것부터 최근의 것까지 다양한 오르골이 전시되어 있다. 매일 정해진 시간마다 오르골을 틀어주고 오르골의 역사에 대해 재미난 설명을 들려주는 프로그램도 마련되어 있다. 아이들은 물론이고 젊은 여성들도 기념품으로 사갈 만한 작은 오르골도 있다.

쁘띠 프랑스가 세간의 주목을 받게 된 것은 2008년 가을, 인기드라마 〈베토벤 바이러스〉의 메인 촬영지가 되면서부터. 강마에 작업실, 악단 연습실, 두루미^{이지아} 분와 강건우 ^{장근석} 분의 첫 키스 등 많은 신이 이곳에서 촬영됐다. 지금도 강마에 작업실에는 드라마에서 연기자들이 만지고 앉았던 가구와 소품들이 고스란히 있다. 강마에가 봤던 악보도 그대로 펼쳐져 있다.

🟢 TRAVEL NOTE
· 봄 어느 때나, 산책삼아 한나절 나들이하기 좋다.
· 쁘띠 프랑스에서 이국적인 모습을 느끼고 각종 공연을 보려면 하룻밤을 이곳에서 지내는 것이 좋다. 어린 왕자에서 행성의 이름을 딴 방들이 있다. 2~12인용으로 다양하다. 침대에 누운 채 하늘의 별을 볼 수 있도록 창문을 하늘로 향하게 비스듬히 낸 객실도 있다. 스튜디오에서 세계 타악기를 배워 간단한 공연을 해보고, 목재 놀이방과 뮤지컬 〈어린 왕자〉 공연을 볼 수도 있다. 또 온 가족이 국내 던 애니메이션을 감상하는 프로그램도 준비되어 있다. 쁘띠 프랑스(031-857-8200) 입장료 어른 8,000원, 어린이 5,000원

낡은 필름 속 풍경과 만나다

군산은 일제강점기 일본인을 위한 도시로 개발됐다. 호남평야에서 생산된 쌀과 물자를 일본으로 실어 나르는 항구도시의 역할을 했다. 해방 전에는 사람과 물자가 끝없이 몰려들면서 번성했지만 해방 후 쌀의 수송이 끊기면서 자연스럽게 퇴락하기 시작했다. 일본인들이 많이 살았던 도시답게 도시 곳곳에 적산가옥敵産家屋이라 불리는 일본식 목조 기와 건물과 근대 서양 양식의 건물들이 많이 남아 있다.

군산은 구시가지와 신시가지로 나뉘는데, 내항을 중심으로 한 구시가지는 대부분 일본인이 거주하던 지역이었다. 이곳을 중심으로 월명동까지, 일제는 일본인 마을을 조성했는데 지금도 당시의 건물들이 여럿 남아 있다. 이들 가운데 돌아볼 만 한 건물은 군산 개항 100주년 광장을 중심으로 몰려 있는 옛 조선은행과 나가사키 18은행 군산시점 건물, 군산세관 건물 등이다.

옛 조선은행 건물은 3층짜리 건물로 구리 기와를 얹은 모습이 눈에 띈다. 나가사키 18은행은 1907년 지어졌고 군산세관 건물은 1908년 지어졌다. 군산세관 건물은 독일사람이 설계하고, 벨기에에서 수입한 붉은 벽돌로 지어졌다. 1990년까지 사용하다 지금은 세관 박물관으로 이용하고 있다.

우리나라에 유일하게 남아 있는 일본식 사찰 동국사도 눈길을 끈다. 정면 5칸, 측면 5칸, 가파른 단층식 팔작 지붕을 이고 있는 이 절은 다다미로 만든 대웅전과 요사채가 함께 있어 우리나라의 사찰과는 전혀 다른 느낌을 준다. 시인 고은이 머리를 깎고 불교에 입문한 사찰이기도 하다. 대웅전 뒤편에는 일본 대나무가 무성한데, 원래 이름은 금강에서 따온 금강사

였으나 해방 후 동국사로 바꿨다. 대문 기둥에 금강사라 쓰인 문패가 남아
있다.

동국사에서 내려와 신흥동으로 들어서면 곳곳에 일본식 집들이 눈에 띈
다. 그 중에서도 유명한 곳은 히로쓰 가옥. 군산에서 큰 포목점을 하며 돈
을 벌었던 히로쓰가 지은 일본 무사들의 고급주택인 야시키 형식의 대형
목조주택이다. 영화 〈장군의 아들〉에서 야쿠자 두목 하야시의 집으로 등
장하기도 했고, 영화 〈타짜〉에서 극중 백윤식이 조승우에게 '기술'을 가
르치던 집도 바로 이곳이었다. 전형적인 다다미방과 편복도, 일본 붙박이
장인 오시이레와 손님을 맞는 도코노마 등 대규모 일식 가옥의 형태를 그
대로 보존하고 있다.

가을 정취를 물씬 느낄 수 있는 곳은 군산 이마트 건너편에 있는 철길마
을이다. 낡은 판자집들이 양편으로 늘어서 있고 그 가운데로 철길이 놓여
있다. 70년대 풍경 그대로다.

철길은 경암사거리에서 시작해 군산경찰서와 구암초등학교를 지나 원스
톱 주유소에서 끝난다. 총 연장은 2.5km. 이 철길의 이름은 '페이퍼코리
아' 선. 1944년 4월 4일 개통됐다. 군산시 조촌동에 소재한 신문용지 제조
업체 '페이퍼코리아' 사의 생산품과 원료를 실어 나르기 위해 만들었다.

철길을 따라 늘어선 집에는 실제로 사람들이 살고 있다. 벽에는 빨래가 걸
려있고 문 밖에는 시든 국화 화분이 놓여 있다. 누군가 버리고 간 자전거
도 벽 한쪽에 비스듬히 기대어 있다. 철길마을은 70년대 갈 곳이 없는 사
람들이 철길 옆으로 모여들면서 자연스럽게 이루어졌다고 한다.

지금은 다니지 않지만 예전엔 하루 두 번 기차가 다녔다. 5~10량의 컨테이너와 박스 차량을 연결한 디젤기관차였다. 시속 10km 정도의 속도로 운행했다고 한다.

요즘은 디카족들의 출사 여행지로 인기가 높다. 주말이면 카메라를 멘 사람들이 철길을 담기 위해 몰려든다. 하지만 사진을 찍을 때는 조심스러워야 한다. 주민들이 그다지 좋아하지 않는다. 미리 양해를 구하는 것이 좋다. 철길마을에서 임권택 감독이 영화 〈천년학〉을 찍기도 했다.

저물 무렵 철길을 서성여보자. 가을 밤은 우물처럼 고요하고 평화롭다. 항구도시의 시끌벅적함과 번잡함은 찾아볼 수 없다. 철길을 따라 걷다보면 어느새 마음 한 켠이 고요해 질 것이다.

세상사가 이처럼 단순했으면

속초에서 강릉으로 향하는 7번 국도, 양양 땅에 하조대해수욕장이라는 예쁜 바다가 숨어 있다. 흰 백사장과 푸른 파도만으로 이루어진 '심플한' 해수욕장이다. 동해안에서 가장 검은 물빛을 가지고 있는 곳, 바다의 뒤채임을 선명하게 볼 수 있는 곳이다. 해변에 들어서는 꽉 막힌 가슴이 환히 뚫리는 느낌이다.

하조대 안내판을 보고 들어가면 갈대밭이 반긴다. 수만 평은 될 것 같다. 바람이 갈색의 갈대숲을 쓸고 다닌다. 갈대숲은 바람이 불 때마다 우수수 소리를 내며 몸을 눕혔다 세운다. 갈대숲을 지나 5분 여를 가면 하조대 해변이 나온다.

해변은 넓다. 폭은 1.7km 정도. 반월 모양으로 반듯하게 휘어 있다. 이쪽에서 저쪽까지 걸어가본다. 멀리 수평선이 명주실처럼 걸쳐 있다. 바람이 차갑다. 뒤돌아보니 발자국은 어느새 파도가 날름 지워버렸다.

해변 북쪽에 하조대라는 멋진 절벽이 있다. 하조대라는 이름은 고려 말엽의 하륜과 조준에게서 유래했다. 두 사람은 고려가 기울자, 벼슬을 버리고 이곳으로 내려와 은거했다. 그 후 태조 이성계가 등극하자 벼슬길에 오르기 위해 떠난 이들의 성을 따서 하조대라 했다고 한다.

절벽 가까이에 정자가 그림처럼 들어앉아 있다. 정자 너머로 일망무제의 바다가 펼쳐진다. 건너편 암봉에는 수령 100년 이상 된 소나무 한 그루가 우뚝하게 서 있다. 바위에 뿌리를 내리고 해풍을 맞으며 꿋꿋하게 서 있는 모습이 신기하다.

하조대 정자 건너편에 하얀 등대가 아득한 바다를 내려다보며 서 있다. 밤이면 저절로 불이 켜져 동이 틀 때까지 바닷길을 밝혀주는 무인 등대다. 그 옆은 기암절벽. 파도가 포말을 일으키며 바위에 부딪혀 사그라든다. 바다는 얼마나 깊은지 아예 검은빛이다.

하조대에서 강릉 방면으로 10분을 내려가면 남애항이 나온다. 자그마한 포구다. 영화 〈고래사냥〉에서 주인공들이 모래사장을 뛰어가는 마지막 장면을 촬영하기도 했다. 포구 양편으로 흰 등대와 붉은 등대가 나란히 서 있다. 붉은 등대 쪽으로 길다란 방파제가 나 있다. 등대 바로 앞까지 걸어갈 수 있다. 젊은 여인들이 많이 찾는다. 등대를 배경으로 이런저런 포즈를 취하며 기념사진을 찍곤 한다.

등대 앞에 서면 포구를 한 눈에 볼 수 있다. 움푹 들어간 포구는 넓고 크다. 1,000여 명의 주민들이 바다와 함께 살아간다. 고깃배 50여 척이 서로를 묶고 세찬 파도를 견디고 있다. 바다에서 불어오는 바람은 11월인데도 귀를 베어갈 것처럼 차다. 그래, 그런 것일지도 모른다. 서로의 몸을 묶어 파도를 이기는 배들처럼 아내와 아이들과 또는 직장동료들과 친구들과 몸을 묶어 하루하루를 견디는 것이 바로 살아가는 것일지도 모른다.

TRAVEL NOTE
· 11월~2월에 가면 겨울바다의 정취를 느낄 수 있다.
· 하조대와 남애항 주변에 숙박시설이 많다. 하우스여관(031-672-2285), 굿모닝하조대(031-672-0089), 비치하우스(031-672-2285) 등. 속초에 한화콘도 등 콘도들도 밀집해 있다. 남애항의 횟감이 싱싱하다. 어민 후계자횟집(031-671-7535)을 비롯한 20여 곳의 횟집이 늘어서 있다. 뼈가 씹히지 않을 정도로 잘게 썰어내는 세꼬시가 별미다. 양양 범부리에 위치한 '범부 막국수'(033-671-0743)의 물막국수가 맛있다. 김을 듬뿍 뿌린 육수가 일품. 면발도 쫄깃하다.

나의 마음이 당신에게로 옮겨 간다
| 강릉 보헤미안

오늘 강릉에 가는 이유는 커피를 마시기 위해서다. 강릉에서 커피를 마시기 위해 새벽 5시에 일어나 토스트를 만들어 먹고, 샤워를 하고, 방한복을 챙겨 입고 비니를 눈썹까지 눌러쓰고, 목도리를 칭칭 두르고, 장갑을 끼고 6시에 집에서 나왔다.

세상 모든 일에는 많은 이유가 존재하고, 여행 역시 '세상 모든 일' 가운데 하나다. 그러니까 강릉에서 커피를 마시기 위해 새벽 6시의 얼어붙은 고속도로를 달리는 것 역시 그다지 이상한 일은 아니다. 게다가 남한테 피해를 주는 일이 아닐진대 비난하지는 말았으면 좋겠다.

어쨌든, 이웃한 속초가 회를 먹으러 '기꺼이' 갈 만한 곳이라면, 강릉은 커피를 마시러 '능히' 갈 만한 곳이다. 예전엔 안 그랬지만 언제부턴가 그렇게 됐다. 이젠 강릉 하면 경포대도 아니고 오죽헌도 아니고 선교장도 아니고 커피가 먼저 떠오른다.

강릉에 커피가 '전해진' 시기는 얼추 10여 년 전이라고 보면 되겠다. 박이추 씨가 강릉으로 내려오면서부터다. 박씨는 우리나라 커피계에서 전설로 불리는 1서 3박고 서정달, 고 박원준, 박상홍, 박이추 중 한 명이다. 다크 로스팅과 핸드드립의 대가로 알려져 있다.

그는 강릉 연곡 바닷가에서 '보헤미안' 이라는 커피점을 운영하고 있다. 강릉시내를 벗어나 속초로 가는 7번 국도를 따라가면 만나는 곳이다. 야트막한 언덕으로 난 시멘트 길을 5분여 따라가면 3층짜리 하얀색 건물이 우두커니 서 있는 것이 보인다. '보헤미안' 이라는 간판이 없다면 아무도 커피 가게임을 눈치채지 못할 것 같다.

다방 같았다. 열 개 남짓한 갈색의 테이블과 의자가 별다른 장식 없이 놓여 있었다. 테이블 위에는 갈색 설탕병이 놓여 있었고, 창문을 넘어온 투명한 겨울 햇살이 설탕병을 비추고 있었다. 그리고 바다. 멀리, 아득하게 바다가 보였다. 수평선에서 흰 파도가, 설탕 같은 파도가 일렁였다.

카페 한 켠에 로스팅실이 있었다. 사람 키보다 큰 커다란 로스팅 기계가 웅웅거리며 커피를 쏟아내고 있었고, 검은테 안경을 쓴 더벅머리 사람이 갓 볶아진 커피콩을 들여다보고 있었다. 그것은 마치 보석세공사가 보석의 결점이라도 찾아내려는 결사적인 모습처럼 보이기도 했다. 커피콩을 노려보고 있던 사람이 박이추였다.

어눌했다. 지금까지 평생을 바쳐 한 업적을 이룬 사람을 여럿 만났는데, 달변은 단 한 명도 없었던 것 같다. 박이추 역시 그랬다. 하지만 그 역시 다른 이들과 마찬가지로 어눌함 속에 달변을 숨겨두고 있었다. 안경 너머로 보이는 눈동자는 아이처럼 맑았다. 오직 단 하나만을 생각하고 사랑하며 살아온 이의 눈빛이었다.

커피는 어떤 맛을 지니고 있어야 합니까 하고 대뜸 물었다.
쓴 맛을 지니고 있어야 합니다 하고 그가 단호하게 말했다.
로스팅실에서 그와 커피에 대해 대화를 나누었다. 나는 물었고 그는 대답했다. 대화는 길었지만 요약하자면 이렇다.

커피는 복잡하다. 콩의 종류에 따라, 볶는 시간에 따라, 볶는 방법에 따라, 콩을 분쇄하는 방법에 따라, 물의 종류에 따라, 물의 온도에 따라, 불의 세기에 따라, 날씨에 따라, 장소에 따라, 커피를 내리는 사람의 기분에 따라, 그의 마음에 따라, 함께 마시는 사람에 따라, 함께 마시는 사람이 누구인지에 따라, 그의 기분에 따라, 커피 맛은 달라진다. 그러니까, 커피 맛은 수만 가지 경우의 수가 존재하는 것이다. 우리는 죽는 날까지 같은 맛의 커피는 결코 맛보지 못할 수도 있다.

이렇게 이야기하는 중간중간 그는 시계를 살폈고 커피콩을 볶고 식혔다. 그리고 노트에 무언가를 꼼꼼하게 기록했다. 그는 커피를 권했다. 그가 직접 블랜딩한 '보헤미안 믹스'를 마시기로 했다. 그는 로스팅실을 나와 주방으로 갔다. 보헤미안에는 직원이 있지만 그는 여전히 직접 커피를 추출한다.

그래서 또 물었다. 왜 모든 커피를 직접 뽑으시나요.
그가 대답했다. 커피를 마시는 분들께 나의 마음과 에너지를 전달하기 위해서지요.

직원이 커피 내릴 준비를 마친 후 '커피 준비되었습니다'라고 그를 호출하면 그는 주방으로 가 진한 갈색의 커피를 만들어낸다.

그가 직접 내려준 커피는 정말 맛있었다. 솔직히 정확하게 묘사를 못하겠다. 그냥 정말 맛있다, 느낌이 좋다, 어딘지 모르게 몸이 따스해지는 것 같다, 이 정도밖에는. 그러니까, 그가 내려준 커피를 마시는 일은, 일단 말로 해버리면 가장 중요한 뉘앙스를 잃어버리는 그런 종류의 경험이었다. 하여튼 박이추가 내려준 커피를 마시는 동안 '이 차가운 세계에 이런 맛도 있어야지' 하는 그런 생각이 들었다.

어떤 커피가 맛있습니까. 커피잔을 비운 후 그에게 물었다. 우문.
좋은 사람과 마시는 커피가 맛있습니다. 그가 대답했다. 현답.

보헤미안에 몇 번 갔었는데 매번 혼자였다. 내 마음을 보여주고 싶은 사람
이 생기면 그를 보헤미안에 데리고 가 함께 커피를 마실 요량이다.

TRAVEL NOTE
· 12~1월, 겨울 바다의 세찬 파도를 보며 커피를 마셔보자.
· 현재 강릉에는 약 200곳 가까운 커피 전문점이 있다. 강릉커피축제(www.coffeefestival.net)에
서 강릉커피 지도를 볼 수 있다. 경포, 안목, 사천, 연곡, 주문진, 시내 등 권역별로 나눠 커피전
문점을 안내한다. 보헤미안(033-662-5365)은 연곡면 영진 해안에 있다. '커피 브라실'(033-
662-1259)은 박이추 선생이 추천한 커피전문점이다. 드립 커피가 맛있다. 영진해수욕장 앞에
있다. 카페를 나와 길을 건너면 바다가 펼쳐진다.

다친 마음을 위로하는
따스한 노을

다친 마음을 위로하는
따스한 노을

| 태안 꽃지해변

나는 풍경이 사람을 위로해 준다고 믿는다. 사랑하는 사람을 잃었을 때나 누군가의 거짓말 때문에 마음을 다쳤을 때, 우리를 위로하는 건 풍경이다. 힘들고 지쳤을 때 우리가 여행을 떠나는 이유는 풍경이 지닌 이런 힘을 알기 때문이다. 아름다운 풍경을 보는 일은 좋은 음악을 듣는 것과 다르지 않다.

당신과 다투었을 때, 그래서 나나 당신이나 낙담하고 있을 때, 나는 당신을 태안 안면도 꽃지해변으로 데려갔다. 낙조 아래에서 나는 당신의 손을 슬며시 잡았고 우리는 다시 원래의 자리로 되돌아왔다.

꽃지해변 일몰은 전북 부안 채석강, 인천 강화 석모도 낙조와 함께 우리나라 3대 일몰로 꼽힌다. 꽃지라는 이름은 '꽃이 많이 피는 곳'이라는 뜻.

아참, 꽃지는 해변이 드넓어서 어디에서나 낙조를 볼 수 있지만 가장 멋진 장면을 볼 수 있는 곳은 안면도 꽃박람회 때 만든 꽃다리 위다.

꽃지, 꽃지, 꽃지. 꽃지라는 이름, 참 예쁘다.

TRAVEL NOTE
· 어느 때나 좋지만 7, 8월은 피하라고 말하고 싶다. 사람들이 너무 많다.
· 안면도의 서쪽 해안에는 해안도로를 따라 기지포, 밧개, 삼봉, 상삼, 장돌, 백사장, 두여, 안면 등 100여 개의 해수욕장이 나란히 늘어서 있다. '바람아래'라는 다정한 이름을 가진 해수욕장도 있고 '무지타무골'이라는 정겨운 이름을 가진 해수욕장도 있다.

4월의 제주를 가장 잘 느끼는 방법

4월의 제주를 가장 잘 느낄 수 있는 방법은 비자림을 산책하는 일. 구좌읍 평대리에 자리한 비자림은 신비로운 숲이다. 수령 300~800년의 아름드리 고목 2,878 그루가 모여있다. 세계적으로도 희귀한 숲이다.

비자숲 한가운데에는 이 숲에 처음 뿌리를 내린 800년 된 조상나무가 있는데, 키 14m, 폭 6m에 달한다. 비자나무는 100년 동안 지름이 겨우 20cm 정도밖에 자라지 않는다. 그래서 나이테도 잘 보이지 않는다. 비자나무 꽃은 보일 듯 말 듯 피어나고, 열매로 자라는 데 2년이라는 세월이 걸린다고 한다.

비자림은 산책하기 좋다. 산책로가 잘 닦여져 있다. 울창한 숲 사이로 봄 햇살이 새어들어와 부챗살처럼 퍼진다. 숲은 싱그러운 내음으로 가득하다. 비자나무 몸뚱이를 칡넝쿨처럼 감고 있는 주사철기생나무의 한 종류과 촉촉하게 물기 어린 나무 위에 자란 난초가 숲의 싱그러움을 더한다.

바닥에 깔린 검은 화산토는 발소리까지 빨아들일 것처럼 부드럽다. 비자림은 마치 현실세계에서 한발짝 벗어난 듯한 느낌을 준다. 정말이지 허락만 된다면 이곳에서 텐트를 치고 하루쯤 묵고 싶다.

📷 TRAVEL NOTE
· 한여름에는 모기가 있다. 4월과 5월이 가장 좋다.
· 비자림(064-783-3857)은 사전에 신청하면 숲해설을 들을 수 있다. 비자림 전체를 둘러보는 데 약 2시간 걸린다. 비자림 끝에는 두 그루가 붙어 한 몸으로 자란 '연리목'이 있다. 연리목을 지나면 '새천년 비자나무'가 서 있다. 실제 수령은 820년 가량. 비자림의 최고령 나무다. 신령스러운 느낌이 든다.

허리에 낭창낭창 감기는
30리 해안길

남해 물미해안도로

남해는 섬 전체가 빼어난 해안드라이브 코스지만 특히 삼동면 지족에서 시작해 동남쪽 해안을 따라 내려가며 물건리에서 미조항에 이르는 코스가 이름 높다. '물미해안도로'라고 불리는 이 길은 급한 커브길이나 높은 고갯길이 없어 드라이브 하기에 적당하다. 도로를 따라 이어지는 은점, 대지포, 노구, 항도, 초전 등의 갯마을은 그림처럼 아름답다.

드라이브의 시작점인 물건리에는 아주 유명한 곳이 있다. 물건리 방조어부림勿巾防潮魚付林이다. 이름 그대로 '고기를 부르는 숲'이다. 세찬 바닷바람을 막고 숲그늘로 물고기를 유인하는 역할을 한다. 1.5km, 너비 30m의 이 숲에는 팽나무, 상수리나무, 참느릅나무 등 수령 300년 이상 된 40여 종의 나무들이 해변을 따라 초승달 모양으로 길게 심어져 있다.

수종들도 하나같이 귀한 것들이다. 이팝나무, 모감주나무, 느티나무, 팽나무, 푸조나무 같은 장신들과 까마귀밥, 여름나무, 생강나무, 화살나무 등 단신 관목까지 170여 종, 1만여 그루가 심어져 있다. 천연기념물 150호. 숲 앞은 몽돌이 가득한 해변이다. 파도가 밀려왔다 갈 때마다 해변은 자르륵 하는 소리를 낸다. 해변 한켠 그물을 손질하는 어부의 모습이 평화롭기만 하다.

물건방조어부림 뒤편 산중턱에는 드라마 〈환상의 커플〉 촬영지였던 독일마을이 자리한다. 독일인을 위한 마을이 아니라 1960년대 광산노동자와 간호사로 독일에 파견됐던 동포들이 고국에 돌아와 정착할 수 있도록 만들어진 마을이다. 실제로 교포들이 생활하고 있고, 관광객을 위한 민박도 운영하고 있으니 하루쯤 묵으며 이국적인 정취를 즐겨볼 만하다.

독일마을 가까이에 원예예술촌 ^{house N garden}이 있다. 일본, 프랑스, 영국 등 20여 개 나라의 정원을 모아놓은 곳이다. 예쁜 정원과 아기자기한 전원주택을 구경하며 산책을 즐길 수 있어 연인들의 데이트 코스로 인기가 높다.

길은 바다를 따라 계속 이어져 미조항에 닿는다. 미조항은 남해에서 가장 아름다운 항구다. 이른 새벽 항구를 떠난 멸치잡이 배들이 오전 10시가 넘으면 배 가득 멸치를 싣고 들어온다. 항구에 닿은 배들은 멸치를 삽으로 퍼 리어카에 부린다. 20kg 들이 상자에 나눠 담긴 멸치들은 그 자리에서 바로 경매에 부쳐진다. 죽 늘어선 멸치 상자 때문에 항구는 온통 은빛이다.

남해여행에 어울릴 만한 시집 한 권 옆구리에 끼고 가보시길. 남해 출신 시인 고두현이 쓴 《물미해안에서 보내는 편지》다. 바다가 바라보이는 곳 아무데서나 차를 세우고 시집을 펼쳐보시라. 입 안에 맑은 샘물을 머금듯 시 한 수 웅얼거려보시라. 여행은 때로 시 한 편으로 더없이 풍요로워지기도 하는 법이다.

남해 물건리 미조항으로 가는 / 삼십리 물미해안, 허리에 낭창낭창 / 감기는 바람을 밀어내며 / 길은 잘 익은 햇살 따라 부드럽게 휘어지고 / 섬들은 수평선 끝을 잡아 / 그대 처음 만난 날처럼 팽팽하게 당기는데…
　　　　　　　　　　　　　　　—〈물미해안에서 보내는 편지〉 중에서

TRAVEL NOTE
· 3~4월 해안도로를 따라 유채가 필 무렵 또는 6~8월 한여름.
· 금산 남서쪽 자락에 자리한 상주면 양아리 두모마을(055-862-5865)은 70가구가 사는 작은
마을. 드므개마을이라고도 불린다. 바다에서 카약을 즐길 수 있는데, 30분~1시간 정도의 교육
을 받으면 초등학생 이상이면 누구나 즐길 수 있는 쉬운 레포츠다. 시원한 바닷바람을 맞으며
노를 젓다보면 스트레스가 말끔히 사라지는 느낌이다.

추억이란 어쩌면
간이역 같은 것

어디로든 떠나야 할 것 같다. 가을이니까. 왜냐고 다시 물어도 이렇게 대답할 수밖에 없을 것 같다. 가을이니까. 그래도 다시 묻는다면 바람이 좋으니까 또는 하늘이 맑으니까 라고 대충 대답해버리겠다. 여행을 떠나야 하는 이유를 구구절절 설명해야 하는 건, 내가 당신을 사랑해야 하는 이유를 스물 세 가지 이상 대야 하는 것만큼 촌스럽고 멋없는 일일 테니까. 여행은 어쩌면 자작나무 사이로 새어 드는 가을 햇빛을 봐야겠다며 신발끈을 질끈 묶는 것으로 시작되기도 하니까.

차는 어느새 영동고속도로를 달리고 있다. 만종분기점에서 중앙고속도로로 갈아타고 제천IC에서 내릴 것이다. 그리고 38번 국도를 따라 영월을 지나 정선 신동 삼거리에서 함백, 예미 방향 421번 지방도를 따르면 새비재에 닿는다.

새비재는 일대 산세가 새가 날아가는 형상이라 해 붙은 이름이다. 전지현과 차태현이 주연한 영화 〈엽기적인 그녀〉의 배경무대였다. 영화에서 그녀전지현 분가 견우차태현 분와 함께 타임캡슐을 묻었던 곳이다. 최근 당시 영화에 등장했던 '엽기소나무' 주변에 타임캡슐 공원이 조성되었다. 타조알처럼 생긴 캡슐에 추억의 물건들을 담아 100일, 1년, 2년, 3년 가운데 원하는 기간을 선택해 묻어 두고 나중에 열어볼 수 있다고 한다. 타임캡슐은 약 5만 8,000개가 준비돼 있으며 이 가운데 수십 개는 벌써 주인을 찾았다고 한다.

타임캡슐 공원 자체는 별 볼 것이 없지만 공원에서 바라보는 풍광이 괜찮다. 새비재의 해발은 850m밖에 되지 않지만 공원에서 바라보는 풍광은

1,000m급 못지 않다. 정선 최고봉인 두위봉1,466m을 비롯한 고산준봉들이 사방으로 어깨를 걸고 물결친다.

이 풍광을 바라보며 사람들은 농사를 짓는다. 새비재는 정선의 대표적인 고랭지 배추밭. 이제 막 배추를 심은 푸른 배추밭과 수확을 끝낸 황토색 배추밭, 옥수수밭, 메밀밭 등이 어울려 패치워크 작품을 보는 것만 같다. 새비재는 강원도 태백 귀네미마을, 강릉과 평창의 경계에 있는 안반덕 등과 함께 사진작가들이 즐겨 찾는 이름난 명소다. 이 풍경 하나 보는 것만으로도 충분히 운전의 수고를 들일 만하다.

새비재에서 내려오면 오른쪽으로 서 있는, 노란색 칠을 한 예쁜 간이역과 만난다. 함백역이다. 1957년 3월, 영월~함백을 잇는 함백선의 개통과 함께 문을 열었다. 정선군의 첫 철도역사로 함백광업소의 엄청난 석탄을 실어 나르기 위해 만들었는데, 국내에서 가장 긴 나선형 터널2.6km이 있는 곳이기도 했고 함백과 영월을 잇는 함백선의 유일한 역이기도 했다. 당시 개통식 때 주요 장관과 주미대사 등 500여 명이 참석했다고 한다.

이렇게 예쁜 역이 없어질 뻔 했다고 한다. 93년 광업소가 문을 닫으면서 함백역도 그 기능을 다했고, 열차여행 마니아들이나 찾는 간이역으로 겨우 존재했다. 그러다 2006년 10월 철도시설공단이 주민들 몰래 허물어버렸다. 허문 이유가 우습다. 단지 낡았다는 이유만으로 그랬단다.

 사라진 함백역을 다시 지은 건 주민들이다. 탄광은 없어졌어도 삶의 터전을 떠날 수 없었던 그들에게 함백역은 열차역 그 이상의 상징이었다. 주민들은 자신의 생을 복원하듯 힘을 모아 다시 역사를 짓기로 했다. 그리고 2년이 흘러 2008년 11월 마침내 함백역은 옛 모습 그대로 다시 태어났다.

함백역은 가을의 한 가운데 우두커니 서 있다. 손바닥만한 마당에는 한아름 코스모스가 피어 바람에 흔들린다. 역 한 켠에 자리한 전나무숲 위로는 가을 햇빛이 사금파리처럼 뿌려진다.

역 뒤편으로 돌아가면 철로가 있다. 나무 침목이 깔려 있고 그 위로 두 개의 철길이 나란히 달린다. 철길을 따라 걸으며 함백역의 옛 풍경을 상상해 본다. 바람이 낡은 창틀을 흔들며 지나가고, 시계는 멈춘 지 오래. 뿌연 유리창 너머 늙은 역무원은 턱을 괴고 졸고 있었을 것이다. 사람들은 대합실에서 기차를 기다린다. 누군가는 졸음에 고개를 꾸벅이고, 누군가는 망연히 담배를 피운다. 누군가는 텅 빈 철길을 바라보며 멍하니 앉아 있다.

기차가 서지 않는 오래된 역의 벤치에 앉아 우리가 할 수 있는 일이야 뻔하지 않을까. 겨우 세월을 탓하고 추억이나 곱씹을 수밖에. 하지만 그것이 오히려 고맙고 소중한 일일 줄이야. 간이역이 아니라면 언제 우리가 그런 시간을 마음 놓고 가질 수 있겠는가. 추억이란 어쩌면 간이역 같은 것일 수도 있겠다.

쓸모 없는 것들. 왜 빨리 사라져주지 않는 거지? 이렇게 생각하지만 어느 날 문득 그것들이 남아 있다는 것 자체가 고맙게 느껴지는 것. 가을 햇빛 속의 함백역은 추억처럼 찬란한다.

TRAVEL NOTE
· 10월 중순 지나 11월 중순까지. 가을 분위기를 느낄 수 있다.
· 영동고속도와 중앙고속도로를 이용해 제천IC로 나온다. 국도 38호선을 타면 정선을 지나 신동삼거리에 이른다. 여기서 421번 지방도로 갈아 타고 예미, 함백 방향으로 10여 분 가면 새비재 입구다. 타임캡슐공원(033-375-0121)까지 차가 갈 수 있다. 새비재를 내려와 421번 지방도를 타고 증산 방향으로 계속 가면 함백역. 수리재를 넘어가면 자미원(역)에 닿는다. 자미원도 운치 있다.

대나무숲에서 불어오는
초록빛 바람

바람이 불 때마다 대나무 숲은 몸을 뒤채인다. 바람이 그치면 다시 잠잠해진다. 고요한 대나무숲 위로 휘황한 봄햇살이 사금파리처럼 반짝이며 내려앉고 있다. 담양 대나무 숲에 봄이 한창이다.

전남 담양은 대나무의 고장이다. 어디를 가든 빽빽한 대나무숲이 눈에 들어온다. 죽녹원은 담양의 대표적인 대숲이다. 면적은 약 16만㎡. 운수대통길, 죽마고우길 등 8가지 길이 있다.

공원에 들어서는 순간, 입구부터 죽향竹香이 코끝을 자극한다. 심호흡을 하면 상큼한 대나무향이 폐 속 깊이 스며든다. 온몸이 연록으로 물들 것만 같은 상쾌함이다. 대나무는 일반 나무보다 10배 많은 음이온이 발생한다고 하니 건강한 기운을 온몸으로 느끼며 산책을 즐겨보자.

숲 속은 한낮인데도 어둑어둑하다. 댓잎을 뚫고 떨어져 내리는 햇살이 간간이 바닥에 어룽진다. 푹신푹신한 바닥을 밟는 느낌이 좋다. 대나무 사이로 불어오는 선선한 죽풍이 머리칼을 간지럽힌다. 내처 신발을 벗고 맨발로 걷는다. 말 그대로 미음완보微吟緩步다. 삼림욕이 아닌 죽림욕이다.

담양과 순창을 잇는 24번 국도는 메타세쿼이어 수천 그루가 17km에 걸쳐 이어진다. 커다란 나무가 사열하듯 양 옆으로 도열한 풍경은 마치 우리나라가 아닌 듯한 풍경을 선사한다. 천천히 달리면 20분 정도 걸리는 짧은 거리지만 달리는 내내 바람이 나무를 흔들어 대고 나무는 향기로운 냄새를 풍긴다.

· 5월이면 대나무숲과 메타세쿼이어 숲길의 봄 정취를 물씬 느낄 수 있다.
· 덕인관(061-381-3991)은 2대에 걸쳐 떡갈비를 선보인 곳. 남도음식축제에서 여러 차례 수상
하면서 이름을 알렸다. 1등급 담양 한우만을 사용한다.

봉긋한 능의 곡선

경주는 무덤의 도시라고 해도 틀린 말이 아니다. 노서 노동동 고분군을 비롯해 대릉원이며 황오리 고분군, 황남리 고분군, 내물왕릉, 오릉 등등. 무덤들 사이에 도시가 들어앉아 있는 형국이다. 경주 사람들은 무덤들 사이에서 아침을 맞고 산책을 하고 체조를 하고 술을 마시고 사랑을 한다. 그런데 그 모습을 상상해보면 전혀 그로테스크하지도 기괴하지도 낯설지도 않다. 죽음 역시 우리네 무덤덤한 일상의 한 부분이려니, 이렇게 깨우쳐 준다.

무덤을 보러 가끔 경주에 가곤 한다. 정확히 말하자면, 첨성대 건너편에 자리한 노서 노동동 고분군이라고 불리는 몇 기의 능을 보러 간다. 그 앞에서 딱히 하는 일은 없다. 이 능들, 참 예쁘다, 요렇게 감탄하며 우두커니 서 있다.

무덤들이 예쁘다면 우습지만, 해질 무렵이면 이 무덤들이 보는 이의 가슴을 쿵쾅거리게 한다. 해가 능 뒤로 슬금슬금 넘어갈 때쯤이면 능 주변으로 불이 들어오는데 봉긋한 능의 곡선과 어우러져 절묘한 풍경을 그려낸다. 게다가 뒷편 선도산의 곡선까지 어우러져 만들어내는 깊고 그윽한 한 장면은 사진 찍는 이의 밝은 눈이 아닌 무지렁이 여행객도 감탄하게 만든다. 대릉원 지나 노서 노동동의 무덤들 사이를 거닐어 보시길. 그러다 해질 무렵이면 노을이 밀물처럼 번지는 첨성대 앞에 우뚝 서보시길.

TRAVEL NOTE
· 11~1월 겨울철 대기가 깨끗해 저녁 사진을 찍기 좋다.
· 대릉원 인근에 쌈밥집이 여럿 있다. 이 중에서도 삼포쌈밥(054-749-5770)과 구로쌈밥집(054-749-0600)이 이름났다.

고즈넉한 호수 산책

대한민국 최북단 도시 고성에 화진포호라는 호수가 있다. 둘레가 16km, 넓이 2.3km²로 우리나라의 자연호수 중 가장 넓다. 호숫가엔 갈대가 우거지고, 둘레를 따라 울창한 소나무숲이 자리하고 있다. 마치 유럽의 어느 호수에 온 듯한 기분이 들게 한다. 화진포花津浦는 여름 호숫가에 해당화가 만발하기 때문에 붙은 이름이다.

호숫가를 따라 길이 잘 닦여져 있다. 자전거를 타기에도 좋고 호수를 바라보며 걷는 재미도 쏠쏠하다. 호수는 청둥오리와 고니 등 철새들이 몰려드는 철새도래지기도 하다. 겨울에는 수천 마리의 철새와 고니가 날아들어 말 그대로 '백조의 호수'로 변신한다.

고성에 있는 또 다른 호수인 송지호는 화진포호와는 또 다른 풍경을 보여준다. 호수 둘레 4km로 그렇게 큰 편은 아니지만 어느 석호보다 아름다운 모습을 간직하고 있다. 송지호에 첫발을 디딘 모든 사람들이 이국적인 자작나무와 울창한 갈대숲이 어우러진 고혹적인 모습에 한 동안 넋을 잃는다. 호수는 거울처럼 잔잔하고 자작나무 숲에서 날아온 새소리가 발치에 내려 앉는다. 게다가 호수 주위를 한 바퀴 돌아볼 수 있는 탐방로가 마련되어 있어 한나절 느긋한 산책을 즐길 수 있다.

TRAVEL NOTE

· 10월. 소슬한 가을바람이 불어올 때.
· 화진모해변이 가깝다. 드라마 〈가을동화〉에서 준서(송승헌)가 죽음을 앞둔 은서(송혜교)를 업고 걸었던 곳이다. 백사장은 눈부시도록 희다. 파도가 훑고 지날 때면 맑은 소리를 낸다. 해수욕장 끝에는 고구려 광개토대왕의 무덤이라는 이야기가 전해지는 금구도가 손에 집힐 듯 펼쳐진다.

당신과 함께 7번국도
낭만드라이브

동해 망상해변에서 추암해변까지

당신과 함께 7번국도
낭만드라이브

동해 망상해변에서 추암해변까지

동해 망상해변에서 추암해변까지 이어지는 해안도로는 국내 최고의 드라이브 코스 가운데 한 곳이다. 드넓은 해변과 포구를 지나는 이 길은 언제 달려도 좋다.

드라이브의 시작은 망상해변이다. 동해를 대표하는 해수욕장이다. 해변은 크고 넓다. 길이가 5km에 달한다. 햇살이 녹아 내리는 맑은 바다는 온통 쪽빛이다. 파도소리를 들으며 한가롭게 해변을 거니는 연인들이 눈에 띈다. 영화 〈봄날은 간다〉에서 상우와 은수가 파도소리를 녹음하던 곳이 바로 이곳이다.

망상해수욕장에서 남쪽으로 내려가는 길은 동해바다를 옆으로 끼고 어달리까지 이어진다. 이중 4km에 이르는 어달리 해안도로는 짧지만 해안 드라이브의 낭만을 맛볼 수 있는 구간. 길은 바다를 따라 이리저리 휘어지고 차창 옆으로는 파도가 밀려온다. 손바닥만한 포구에서부터 횟집, 까막바위 등 볼거리가 많다.

해안도로를 따라 남쪽으로 계속 내려가면 묵호항이 나온다. 묵호항은 동해에서 항구의 정취를 가장 잘 만끽할 수 있는 곳이다. 묵호항은 아침에 찾아야 제대로 볼 수 있다. 밤새 오징어잡이를 마치고 뱃고동을 울리며 배들이 돌아오는 새벽항구는 싱싱한 생명력이 넘친다. 경매에 열을 올리는 경매사들과 동해시 횟집에서 나온 상인들로 북적거린다.

묵호 어시장 뒤편 산등성이 쪽으로 고개를 돌리면 붉고 푸른 지붕을 얹은 집들이 다닥다닥 붙어있는 것이 보인다. 묵호항에서 이 마을까지 '등대오름길'이라는 예쁜 길이 이어진다. 길 끝에 묵호등대가 서 있어 이런 이름이 붙었다. 길을 따라가다 보면 옛 묵호항의 정취와 마을의 풍경을 추억하는 벽화들을 만날 수 있다. 출항하는 오징어배, 해풍에 말라가는 오징어, 대폿집과 이발소, 구멍가게 등의 벽화들이 마음 한쪽을 짠하게 만든다.

묵호등대를 찾는다면 저물 무렵이 좋을 듯. 등대에 불이 들어올 때면 수평선 가득 오징어잡이 배의 불빛이 돋는다. 망망한 바다에 두둥실 떠 있는 어화는 꿈결처럼 아름답다. 묵호등대는 영화 〈미워도 다시 한 번〉의 촬영지기도 하다.

길은 계속 흘러 추암해변에 닿는다. 추암해변은 TV에서 애국가가 울려 퍼질 때 일출 장면을 찍은 곳이다. 해마다 1월 1일이 되면 수십만 명의 해맞이 관광객이 추암해변을 찾는다. 해변 왼편에는 갖가지 형상의 기암괴석이 늘어서 있는데, 그 중 절묘하게 생긴 바위 하나가 하늘을 찌를 듯이 솟아 있다. 이 바위가 바로 '촛대바위'다.

바위 틈으로 불쑥 솟아오르는 일출은 가슴을 뜨겁게 달아오르게 만든다. 조선 세조 때 한명회가 강원도 제찰사로 있으면서 그 경관에 취한 나머지 미인의 걸음걸이에 비유하여 '능파대'라고 부르기도 했던 곳. 바위에 부딪히는 파도 소리도 아름다워 한국의 100대 명소리로 선정되었다.

🎞 TRAVEL NOTE
· 10월 이후에 가면 한적한 드라이브를 즐길 수 있다.
· 망상오토캠핑장(033-534-3110)은 국내 최초의 자동차 전용 캠핑장. 망상해수욕장에 위치하고 있다. 오토캠핑장, 카라반(캠핑카), 캐빈하우스(통나무집), 아메리칸코티지(목조연립형주택)등 다양한 종류의 숙박시설이 있다. 묵호항 근처 '부흥횟집'(031-531-5209)의 물회를 꼭 맛볼 것. 장을 직접 담가 묵혀 육수로 사용한다. 칼칼한 맛이 제대로다. 곰칫국도 맛있다.

여수의 낭만을 느끼다

여수시 남쪽에 있는 돌산도는 국내에서 7번째로 큰 섬이다. 과거에는 배로 이동했다. 그러나 1984년 여수시 남산동과 돌산읍 우두리를 연결하는 돌산대교가 놓이면서 섬은 육지가 됐다. 다리를 건너 돌산도에 들어서면 왼쪽 언덕에 돌산공원이 조성되어 있다.

돌산공원에 오르면 돌산대교가 한눈에 내려다 보인다. 돌산대교는 길이가 450m에 달하는데 수면 위에서 20m 높이로 떠 있다. 젓가락 모양의 강철탑이 두 개 서 있고 그 사이로 다리가 걸려 있다.

낮에 보는 돌산대교는 볼품없지만 해가 지고 불이 들어오면 그 모습이 완전히 달라진다. 불이 켜지는 시간은 7시 정도. 돌산대교를 밝히는 불은 시시각각 그 색깔이 변한다. 노란색이었다가 붉은 색, 다시 초록색으로 바뀐다. 자봉도, 화태도, 월호도, 금오도, 금오도를 오가는 배들이 돌산대교 아래를 지나 여수항으로 들어간다. 바다 너머에서 반짝이는 도시의 불빛들과 바다를 가로지르는 고깃배의 불빛들, 그리고 돌산대교의 화려한 조명이 어울려 낭만적인 풍경을 펼쳐 보인다.

여수에는 길이 1,004m짜리 골목이 있다. 그래서 일명 '천사골목'으로 불린다. 골목 벽에는 화사한 벽화가 가득하다. 벽화가 그려진 골목을 걷다 보면 봄이 왔음을 실감한다. 여수의 역사와 문화, 전설 등이 그려진 벽화도 있고 허영만, 백일섭 등 여수 출신의 유명인을 재미있게 표현한 벽화도 있다. 한나절 산책 삼아 걷기에 좋다.

TRAVEL NOTE
· 동백이 피는 2~3월이 여수를 여행하기 가장 좋은 때
· 여수항 인면에 자리한 교동시장은 여수 최대의 시장이다. 여수 갓김치는 물론이고 각종 건어물, 여수의 명물 서대회까지 특산품이 즐비하다. 오전에는 교동시장에서 건어물을 사고, 점심으로 수산시장에서 신선한 전복과 굴을 맛본 후, 해가 지면 포장마차 촌으로 변신한 교동시장에서 여수 시장 구경으로 마무리하면 좋다.

한국에서 만나는 알프스

동해로 가는 길목, 대관령의 '여행 아이콘'으로 자리잡은 양떼목장. 옛 영동고속도로 대관령휴게소 뒤편에 있는 양떼목장은 아기자기하다.

그네가 매어져 있는 나무를 지나면 산책로가 시작된다. 부드러운 능선을 따라 길이 이어지고 나무 울타리가 쳐져 있다. 울타리 안에서는 양들이 20~30마리씩 모여 노닌다. 20여 분 천천히 오르면 언덕 정상에 닿는데, 벤치 하나가 놓여 있는 이곳에서 잠깐 쉬어 갈 수도 있다. 벤치에서 바라보는 풍광은 막힘이 없다. 멀리 횡계리가 손바닥만하게 보인다.

언덕에서 내려오면 소담스러운 통나무집과 만난다. 김희선과 신하균이 주연했던 영화 〈화성에서 온 사나이〉의 세트장이다. 이 건물은 이제 양떼목장의 상징 건물로 자리 잡았다.

양떼목장은 저물 무렵 찾아보길 권해드린다. 해질 무렵이면 강렬했던 한낮의 빛도 사그라들고 하늘 색감도 한결 짙어져 사진 찍기도 좋다. 이곳에서 바라보는 노을 질 무렵의 풍광이 괜찮다.

TRAVEL NOTE
· 봄 분위기가 나는 5~6월, 새하얀 눈이 내리는 겨울, 양떼는 6월부터 방목을 시작한다.
· 횡계리에 황태회관(033-335-5795), 황태덕장(033-335-5942) 등 황태 요리를 먹을 만한 곳이 있다. 납작식당(033-335-5477)의 오삼불고기도 유명하다.

그냥 훌쩍 떠나오기 좋은 곳

인천 을왕리해변과 무의도

그냥 훌쩍 떠나오기 좋은 곳

을왕리. 가깝다. 수도권에서 1시간이면 닿는다. 말 그대로, 그냥 훌쩍 떠날 수 있다.

을왕리해변이 있는 이곳은 원래 용유도라는 섬이었다. 영종도에 공항이 들어서면서 모두 매립되는 바람에 육지가 되었지만 이전에는 월미도 등에서 배를 타야 들어올 수 있는 곳이 용유도였고, 용유도에서 가장 아름다운 해변이 바로 을왕리였다.

해변은 여름이면 피서객으로 붐빈다. 해변에 막 도착한 피서객들은 앞다투어 바다로 뛰어든다. 친구끼리 서로 물을 뿌리고 힘을 합쳐 친구를 물속으로 던지기도 한다. 이제 막 걸음마를 시작한 아이는 밀려오는 파도를 피하는 재미에 빠져 시간 가는 줄도 모른다.

피서객으로 붐비는 바다를 피해 좀 더 한적하고 여유로운 피서를 즐기고 싶다면 무의도로 향해보자. 잠진도 선착장에서 배를 타면 5분이면 닿는다. 무의도라는 이름은 섬의 모양이 마치 무희의 옷처럼 아름다워 붙여졌다고도 하고, 장군이 춤추는 장면을 연상케 한다 해서 붙여졌다고도 한다. 여의도만한 크기의 섬에 하나개, 실미 등 해송과 은빛모래 반짝이는 아름다운 두 곳의 해변이 있다.

무의도의 대표 해변은 섬 중간 서쪽에 자리 잡은 하나개해변이다. 1km 길이의 해변은 썰물 때면 광활한 개펄이 펼쳐진다. 300여 미터 넓이로 드러나는 모래밭을 지나 발목이 잠기는 바다까지 나가는데 한참이 걸린다. 서해 바다에서는 좀처럼 찾아볼 수 없는 넓고 푹신한 모래사장이 깔려 있어

흡사 동해의 어느 해수욕장에 온 듯한 기분을 느낄 수 있다.

하나개해변은 낮보다 저녁 무렵 풍경이 더 좋다. 바다가 서쪽으로 면하고 있어 해질녘이면 해변 일대가 붉은 석양빛으로 물든다. 커다랗게 부풀어 오른 해가 수평선을 넘어가는 장면을 감상하는 맛이 일품이다. 이런 아름다운 풍경 때문인지 많은 영화와 TV 드라마가 이곳에서 촬영됐다. 지금도 해수욕장 사구 위에는 권상우와 최지우가 주연한 드라마 〈천국의 계단〉 세트장이 남아 있다. TV드라마 〈꽃보다 남자〉의 마지막 장면이 이곳에서 촬영돼 화제가 되기도 했다.

섬의 서북쪽에 자리잡은 실미해변은 영화 〈실미도〉를 찍었던 곳. 지금은 세트장이 모두 철거되어 흔적도 없지만 영화 장면 속에 등장했던 모래 언덕 등을 볼 수 있다.

을왕리나 무의도는 '훌쩍' 떠나오기 좋은 곳이다. 뭔가 뒤틀리고 실망한 마음을 달래기에 좋다. 인천공항 고속도로를 신나게 달려 바다 앞에 서면 배배 꼬인 심사도 어느덧 풀린다. 하늘 높이 날아가는 비행기들도 어지러운 마음을 위로한다.

백제의 우아한 정원

부여를 여행할 때 빼놓을 수 없는 곳이 궁남지다. 궁남지는 '궁 남쪽에 있다'고 해서 붙여진 이름.《삼국사기》에 '궁궐의 남쪽에 20여 리나 되는 긴 수로를 파 물을 끌어들여 연못을 만들고 주위에 버드나무를 심었다'는 기록이 남아 있다.

사적 제135호로 634년 무왕 시절 만든 국내에서 가장 오래된 인공연못이라고 한다. 1만 평 정도에 이르는 지금의 궁남지는 1965년에 복원한 것인데, 원래 규모의 3분의 1쯤이라고 한다.

궁남지 한 가운데의 '뜬 섬'에는 포룡정泡龍亭이라는 현판이 걸린 정자가 있다. 이는 백제 무왕의 어머니가 궁남지에 살던 용이 나타나자 의식을 잃은 뒤 무왕을 잉태하게 되었다는 탄생 설화에서 유래한 이름이다. 뜬 섬으로 이어지는 나무 다리를 건너면 정자로 들어갈 수 있다.

궁남지를 찾는다면 한여름에 가보실 것을 권해드린다. 연못이 연꽃으로 가득 찬다. 사진가들도 많이 찾는다. 연꽃을 찍는다면 망원계열의 렌즈와 삼각대를 챙겨가는 것이 좋을 듯.

🎞 TRAVEL NOTE
· 연꽃이 피는 7~8월.
· 백마강을 한눈에 굽어보며 자리잡은 곳이 부소산성이다. 위례성(서울), 웅진(공주)에 이어 백제의 마지막 왕도였던 사비(부여)의 역사가 고스란히 배어 있다. 부여 여행 일정은 부소산성을 돌아본 후 가까운 정림사지와 국립부여박물관, 궁남지 등을 차례로 돌아보는 것으로 삼으면 된다. 부소산성의 둘레는 약 2.2km, 해발 106m의 낮은 산인데다 소나무, 갈참나무, 상수리나무가 우거진 울창한 숲 사이로 산책길이 잘 정비되어 있어 산책하기에도 좋다.

홍어처럼 곰삭은
풍경과 만나다

나주 사람들은 영산강에 기대어 살아왔다. 영산강은 전남 담양군 용면에서 발원해 광주, 나주, 영암을 지나 목포에서 서해바다로 나간다. 영산강은 350리를 굽이치며 흐르며 나주를 살찌웠다. 불과 한 세기 전까지만 해도 나주는 전라도 땅의 중심지였다. 전주와 나주의 앞글자를 따서 전라도라는 명칭이 만들어졌을 정도다.

영산강변의 영산포는 남해바다에서 올라온 해산물들과 나주평야에서 모아진 곡물들이 모이는 호남 지역 최대의 물자교류지였다. 조선시대에는 인근 17개 고을의 세곡을 저장하는 창고^{영산창}가 있을 정도로 번성한 포구였다. 일제시대에는 호남지역의 곡물들이 영산포를 통해 일본으로 공출되면서 수탈의 거점이 되기도 했던 아픈 역사도 갖고 있다. 1977년까지도 배가 드나들었으나 1981년 영산강 하구둑이 만들어지면서 영산강은 쇠락했다.

당시의 번창했던 나주를 떠올리게 해주는 유적이 영산교에 자리한 영산포 등대다. 영산강 물길이 이어지던 때, 각지에서 몰려든 배들을 인도하기 위해 세웠던 것이다. 등록문화제 제129호로 대한민국 근대문화유산으로 지정되어 있다.

영산교에 서면 어디선가 비릿한 냄새가 몰려와 코를 자극한다. 영산포 홍어의 거리에서 날아온 냄새다. 영산교 남단 사거리를 중심으로 홍어간판을 내건 식당들과 도매업소들이 즐비하다. 영산포의 홍어는 남도의 그것 중에서도 최고의 맛을 자랑하기로 유명하다. 삭힌 홍어가 탄생하게 된 배경은 이렇다. 홍어는 예로부터 흑산도에서 잡히는 것이 최상품이었다. 때문에 흑산도에서 잡힌 홍어는 조선시대 임금님께 진상되기 위해 나주 영산포 뱃길로 운송됐다. 그런데 날씨가 더운 여름에는 홍어가 변질되기 일쑤였다. 이를 아깝다고 여긴 영산포 사람들이 변질된 홍어를 깨끗하게 씻어 먹어본 뒤 그 독특한 맛을 알게 되면서 영산포 삭힌 홍어가 탄생하게 된 것으로 전해진다.

옛 영산포 선창 주변에 있는 홍어집들은 나주만의 독특한 숙성법으로 삭힌 홍어 맛의 진수를 보여준다. 수분이 적절히 증발해 딱 먹기 좋게 삭힐 수 있는 봄은 홍어를 가장 맛있게 먹을 수 있는 시기. 삼합은 삭힌 홍어, 돼지고기 수육, 묵은 김치로 구성되는데 삭힌 정도가 코를 쥐고 쓰러질 만큼 강하지는 않다. 정약전이 쓴 《자산어보》에 '나주 사람들은 삭힌 홍어를 즐기는데, 탁주를 곁들여 먹는다'라는 기록이 있을 정도로 나주 사람들의 홍어 사랑은 그 옛날부터 유명하다. 소설가 황석영은 홍어를 처음 먹은 후 "참으로 이것은 무어라 형용할 수 없는, 혀와 입과 코와 눈과 모든 오감을 일깨워 흔들어 버리는 맛의 혁명"이라고 극찬했다.

홍어의 거리 뒤편 영산동과 이창동 일대는 영화 〈장군의 아들〉 촬영지다. 삭힌 홍어의 맛만큼이나 곰삭은 풍경이 펼쳐진다. 일제시대 일본인 자본가들이 지은 가옥들과 창고건물들이 세월의 흔적을 고스란히 간직한 채 늘어 서 있다. 특히 일제시대 나주에서 가장 많은 농지를 가졌다는 대지주 구로즈미 이타로의 가옥은 1935년에 지어진 것으로 일본에서 직접 자재를 실어와 지은 대저택이다.

· 영산강변에 유채꽃 피는 4월.

· 나주의 또 다른 별미는 나주곰탕이다. 목사내아 앞 매일시장 주변에는 너나없이 '원조'를 앞세운 곰탕집들이 몰려 있다. 우리가 흔히 알고 있는 뽀얀 국물의 곰탕이 아니라 맑은 국물에 밥이 미리 말아져서 나오는 국밥이다. 남평할매집(061-334-4682), 노안집(061-333-2053), 하안집(061-333-4292), 댓자리나주곰탕(괴원동, 061-332-3377)이 유명하다. 홍어는 영산홍가(061-334-0585), 영산포대박홍어(061-335-5544)가, 장어는 대승장어(061-336-1265), 신흥장어(061-335-9109)가 유명하다.

귀기어린 풍경
청송 주산지

024

기이한 풍경이다. 물 속에 나무가 뿌리를 박고 자라고 있는 모습이란!

주산지를 찾은 사람들은 벌어진 입을 다물지 못한다. 연못은 주왕산 자락을 담고 몸을 비튼 왕버드나무를 담고 구름을 담고 흔들린다.

주산지의 면적은 겨우 6,000여 평. 길이가 약 100m, 넓이가 50m, 수심이 7~8m밖에 되지 않지만 연못에 담긴 신비로움 만큼은 6만 평 넓이의 호수에 뒤지지 않는다.

조선 숙종 때인 1720년 만들어진 주산지는 대개의 저수지가 그렇듯 농사를 짓기 위한 용도로 조성됐다. 아직도 주산지 아래의 60여 가구들은 이 물로 농사를 짓는다. 주산지는 아무리 가물어도 지금까지 바닥을 드러낸 적이 한번도 없다고 한다.

새벽녘 주산지를 찾아 나선다. 왕버드나무가 안개 속에 서 있는 모습을 상상한다. 주산지에는 물 속에 뿌리를 내린 30여 그루의 왕버드나무가 있다. 그 가운데 10여 그루는 수령 300~500년 된 고목들. 안개를 허리에 두르고 물 속에 서 있는 버드나무의 모습은 과연 어떨까.

여명 속 주산지를 깨우는 것은 새소리다. 딱따구리 소리가 '딱딱 따그르르르' 하며 숲을 울린다. 황조롱이와 수리부엉이가 푸드득 날개짓을 한다. 참새 소리도 들린다.

주산지의 모습은 신비 그 자체다. 자욱한 안개는 바람이 부는 대로 천천히 쓸려다닌다. 시간이 지나자 깊은 주름의 버드나무들이 서서히 모습을 드러내기 시작한다.

물 속에 뿌리를 박고 있는 모습이 신비롭다. 자세히 보면 똑같은 나무가 아래 위로 자라고 있다. 연못은 나무를, 산을 그대로 비춘다. 물에 비친 대칭의 풍경이 비현실적으로 느껴진다. 연못 속 잉어들이 피워 올리는 거품이 수면에 잔잔한 파문을 일으킨다.

주산지가 가장 아름다울 때는 왕버드나무에 연둣빛 새순이 올라오는 봄 무렵과 주왕산 단풍이 흘러내리는 가을. 봄에는 연초록 새잎에 투명하게 부서지는 봄 햇빛이 예쁘고, 가을에는 붉게 물든 주왕산 단풍을 배경으로 놓은 주산지가 아름답다.

귀기어린 나무와 아득한 물안개, 물안개를 뚫고 수면 위로 솟아오르는 물고기들과 낮게 지저귀는 새떼들… 주산지가 보여주는 귀경이다.

TRAVEL NOTE
· 4월. 왕버드나무가 연록으로 물들 무렵.
· 달기약수가 가깝다. 우리나라 3대 약수로 꼽힌다. 달기폭포에서 흘러내리는 계곡을 따라 원탕을 비롯하여 10개의 구멍에서 샘물이 솟고 있다. 달기약수는 설탕 맛을 뺀 사이다 같은 맛을 낸다. 물을 머금는 순간 입안을 '톡'하고 쏜다. 탄산과 철 성분 등을 함유해 위장병과 피부병에 효능이 있는 것으로 알려져 있다. 하탕 주변에 백숙집이 늘어서 있다. 달기약수로 끓이는 닭백숙을 낸다. 연한 갈색을 띤 국물부터 다른데 맛이 아주 담백하고 고소하다. 부산식당(054-873-2078)과 서울여관식당(054-873-5177)이 유명하다.

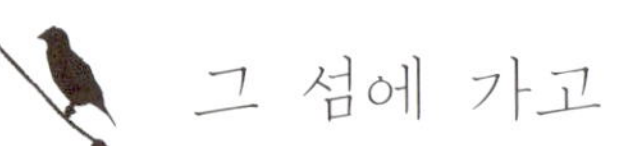

그 섬에 가고 싶다

| 신안 흑산도 홍도

팔금도, 안좌도, 자라도, 비금도, 도초도, 하의도, 상태도, 대야도, 우이도, 대둔도, 영산도……. 목포항에서 배를 타고 이 섬들을 굽이굽이 지나면 흑산도에 닿는다. 목포항에서 약 2시간 정도 걸린다.

흑산도는 숲과 바다가 푸르다 못해 검게 보인다고 해서 섬 이름이 그렇게 붙었다. 모두 100개의 섬으로 이루어져 있는데, 사람이 사는 섬은 11개이고 89개의 섬은 무인도이다.

흑산도 하면 가장 먼저 떠오르는 인물이 손암 정약전이다. 조선말 실학사상을 전파했던 정약용의 형으로, 우리나라에서 가장 오래 된 수산 동식물 연구서인《자산어보》를 썼다.

섬 곳곳에 정약전의 흔적이 배어 있다. 정약전은 1801년 신유사화 때 유배되어 흑산도에서 15년을 살았다. 고독한 시간은 천재에게 지혜와 영감을 주는지도 모른다. 동생 정약용이 유배지 강진에서 방대한 저술을 남겼듯이 정약전 역시 흑산도에 머무는 동안《자산어보》를 집필한다. 흑산도에 사는 물고기와 해산물 등 155종을 채집해 명칭, 형태, 분표 등을 기록한 책이다. 정약전의 흔적은 아직도 남아있는데, 사리 마을의 산기슭에 있는 초가가 정약전의 유적지 복성재^{사촌서당}다.

이 외에도 여바위며 샛개 해수욕장, 사리포구 등 볼거리가 많다. 버스가 운행하지만 이를 이용해 섬을 여행하기는 사실상 불가능하다. 차라리 사륜구동 택시나 관광버스를 타고 돌아보는 것이 좋다. 기사들이 관광가이드 못지 않다.

흑산도 하면 떠오르는 것이 홍어다. 흑산도의 관문인 예리항에는 홍어집들이 늘어서 있다. 시큼한 홍어 특유의 냄새가 여행자들의 코를 간질인다. 육지 사람들은 옹기에 짚을 깔고 열흘 정도 삭힌 톡 쏘는 맛의 홍어를 좋아하지만 현지인들은 싱싱한 회를 즐겨 먹는다. 살이 부드럽고 씹을수록 차진 맛이 난다. 삭힌 홍어를 못 먹는 사람도 신선한 회는 먹을 수 있다. 홍어 내장의 일부인 '애'도 먹어보자. 기름장에 살짝 찍어 먹는데 고소한 맛이 입안에서 녹아 내린다. 애는 삭히면 먹을 수 없기 때문에 신선한 홍어에서만 맛볼 수 있는 부분이기도 하다.

흑산도에서 배로 40여 분을 가면 홍도다. 흑산도가 남성적이고 우람하다면 홍도는 여성적이고 아기자기하다. 홍도 선착장에 닿기 전 멀리 바라보이는 섬의 풍경이 그렇다. 언덕배기에 서 있는 붉고 푸른 원색의 건물들이 보이면 여행객들은 마냥 설레기 시작한다.

홍도는 보물로 가득한 섬이다. 사람들은 이렇게 조그마한 섬에 뭐가 있을까 하는 의문을 갖고 내리지만 섬에 발을 딛는 순간 탄성을 쏟아낸다. 조그마한 섬은 마치 지중해의 어느 섬에 온 것 같은 감흥을 선사한다. 눈을 제대로 뜰 수 없을 정도로 밝은 햇빛과 푸른 바다, 이런 곳에 일주일만 머물렀으면 하는 생각이 절로 든다.

홍도를 제대로 보는 방법은 파도 출렁이는 배를 타고 바다로 나가는 것이다. 해안을 따라 펼쳐진 홍도 33경은 어떤 뛰어난 조각가도 흉내낼 수 없는 작품이다. 온통 붉은 색으로 물들어 있는 갖가지 모양의 해벽. 도승바위, 남문바위, 병풍바위, 탕건바위, 심금리굴, 흔들바위, 칼바위, 무지개바위, 돔바위, 기둥바위, 시루떡바위, 원숭이바위, 주전자바위, 좌불상… 노련한 선장이 요리조리 해벽 옆으로 배를 댈 때마다 탄성이 터져 나온다.

해질 무렵의 홍도는 이름 그대로 붉다. 적갈색의 암벽들은 더욱 빨갛게 물들고 사계절 내내 동백꽃이 섬을 뒤덮어 더욱 발그레 상기된 낯빛을 하고 있다. 그래서 옛 사람들은 바다에 떠 있는 매화보다 더 아름답다고 해서 홍도를 매가도梅加島라 부르기도 했다고 한다.

· 찾는 사람이 별로 없는 겨울이 한갓지고 좋다.
· 씨월드고속(061-243-2111), 남해고속(061-244-9915)을 이용해 흑산도에 갈 수 있다. 흑산도 홍도 여행 패키지 상품을 이용하는 것도 한 방법이다.

김광석을 추억하다

| 대구 방천시장

방천시장은 한때 대구 3대 시장으로 손꼽혔던 곳이다. 1960년대 1,000여 개의 점포가 들어섰을 만큼 문전성시를 이뤘다. 하지만 대형쇼핑 공간이 주변에 들어서면서 쇠락의 길을 걷기 시작했다.

파리 날리던 방천시장이 다시 북적이기 시작한 때는 지난 2009년. 대구시와 중구청이 지역 미술 작가들과 주민의 힘을 모아 점포에 문화예술을 접목하는 예술프로젝트인 '별의별 별시장'을 시작하면서부터다.

시장에 들어섰지만 시장에 온 것 같지 않다. 천정 높이 걸린, 상인들의 생활상을 담은 대형 사진현수막이 방문객을 환영하는 플랜카드처럼 걸려 있다.

갖가지 가게가 들어서 있는 구불구불한 시장골목을 따라 걸어가다 보면 재미있는 아이디어들이 방문객을 즐겁게 한다. 오래된 벽과 가게 간판, 기둥에는 아기자기한 그림이 그려져 있다. 빈 박스와 버려진 물건 등을 이용한 설치조형물도 곳곳에 서 있어 걸음을 멈추게 한다.

간판 구경도 재미있다. 생선 가게에는 물고기 모형이, 참기름 짜는 집 앞에는 참기름 모형이 만들어져 있는데, 하나하나가 모두 작품 같다. 자그마한 카페와 쉼터 등도 자리하고 있어 가끔씩 공연이 열리기도 한다.

방천시장의 가장 큰 스타는 고 김광석이다. 시장 어귀에는 그의 동상이 세워져 있다. 다리를 비스듬히 꼬고 앉아서 기타를 치고 있는 모습이 마치 살아 있는 것만 같다.

김광석의 동상이 이곳에 서 있는 까닭은 그가 이곳 대봉동에서 태어났기 때문. 애잔하고 서정적인 노랫말과 폭발적인 가창력으로 한국 모던포크의 계승자로 주목받던 그는 1996년 1월 스스로 생을 마감했다. 쓸쓸하게 세상을 저버렸지만 그의 팬들은 아직도 그를 잊지 않고 이곳을 찾아 그를 그리워한다. 그의 동상부터 방천시장 동편 신천대로 둑길을 따라 '김광석 다시 그리기 길'이 100여 미터 남짓 이어진다. 김광석의 얼굴과 노래 가사 등을 주제로 다양한 벽화들이 그려져 있다.

TRAVEL NOTE
· 4~5월이 가장 걷기 좋다.
· 동인파출소 뒤편의 찜갈비 골목에는 찜갈비집 20여 곳이 성업 중이다. 갈비살에 빨간 고춧가루와 마늘을 듬뿍 넣은 양념과 함께 조리하는데, 등줄기에 땀이 배일 정도로 화끈하게 매운맛이 특징이다. 낙영찜갈비(053-423-3330), 벙글벙글 찜갈비(053-424-6881)가 유명하다.

동일식육점
427-7326
동인 식육점

서강이 보여주는 연한 봄 풍경
영월 선돌

영월에 간다. 서울에서 고작 1시간 반 남짓한 거리다. 강은 봄에 어떤 빛깔을 내는지 궁금해서 나선 길이다. 중앙고속도로 신림IC로 나와 주천 방향으로 가는 88번 지방도에 올랐다. 차창을 내리니 따뜻한 봄바람이 밀물처럼 차 속으로 밀려든다. 설탕이라도 뿌린 듯 콧속으로 스미는 봄바람이 달짝지근하다.

영월에는 강이 참 많다. 오대산에서 걸음을 시작해 봉평을 지나온 평창강이며 횡성에서 출발한 서만이강, 서만이강에 법흥사 계곡물을 보탠 주천강이며 조양강 물길을 이어받은 동강, 그리고 평창강과 주천강이 합쳐진 서강과 동강, 서강이 합쳐진 남한강 등등. 이 많은 강들이 영월 땅 구석구석을 적시며 봄을 실어나른다.

아마도 우리에게 가장 잘 알려져 있는 강은 동강일 것이다. 태백 검룡소에서 흘러나온 물줄기와 대관령에서 흘러나온 송천이 아우라지에서 만나고 다시 조양강으로 이름을 바꿔 정선 가수리에서 동강으로 변한다. 동강은 굽이쳐 흘러 영월까지 흘러내려오고 어라연계곡이라는 절경을 빚어낸다. 하지만 서강의 풍경도 동강에 뒤지지 않는다. 동강이 계곡을 따라 힘차고 굵게 흘러내린다면 서강은 잔잔하게 흘러간다. 그러면서 우뚝 솟은 선돌과 한반도 모양의 선암마을 같은 비경을 빚어낸다.

영월을 찾은 여행자들이 가장 먼저 달려가는 곳은 선돌이다. 영월읍에 닿기 전 소나기재에 차를 대면 된다. 절벽이 반으로 쪼개져 두 개로 나뉘어 있다. 벼락을 맞은 것 같기도 하다. 쪼개진 절벽과 크게 휘돌아가는 강, 강자락에 일구어놓은 밭이 어우러져 평화로운 풍경을 만들어낸다. 선돌이란 이름은 돌의 모양이 마치 신선처럼 보였다는 데서 유래했다. 푸른 강과 층 암절벽이 어우러진 모습이 마냥 신비로워 신선암 神仙岩 으로도 불린다. 선돌 을 바라보며 소원을 빌면 한가지 소원이 꼭 이뤄진다는 전설도 전해진다.

1820년에 영월부사를 지낸 홍이간과 문장가이자 풍류가였던 오희상, 홍 직필 등 세 명이 구름에 쌓인 선돌의 경관에 반해 시를 읊으며 선돌 암벽 에 운장벽 雲莊壁 이라는 글자를 새겨넣고 붉은색을 칠한 흔적이 아직 남아 있다.

선돌에서 서강을 바라본다. 응달에는 아직 겨울 잔설이 희끗희끗 남아 있 지만 그래도 봄은 봄인 모양이다. 수면은 사금파리를 뿌려놓은 듯 반짝여 눈이 부시고, 강 건너편 마을의 밭은 이랑을 벌써 다 갈았다. 이제 곧 농부 들은 씨를 뿌릴 것이고, 햇빛은 날로 풍성해져 숲과 들판의 초록을 풍성하 게 할 것이다.

선돌에 서면 다 보인다. 강이 봄을 어떻게 싣고 오는지.

TRAVEL NOTE
· 강이 봄을 싣고 오는 4월.
· 중앙고속도로 제천IC로 나와 38번 국도를 따라가면 곧 영월이다. 중앙고속도로 신림IC로 나와 88지방도를 따라 주천 방향으로 가도 된다. 이 경우 황둔 찐빵마을을 지나는데, 찐빵을 맛보는 것도 좋을 듯. 중부내륙고속도로 감곡IC로 나와 일찌감치 38번 국도에 오르는 방법도 있다. 영월 에서 선암마을, 선돌, 정릉 등은 곳곳에 이정표가 세워져 있어 찾아가기 편하다.

느리게, 느리게 걷는
봄 산책

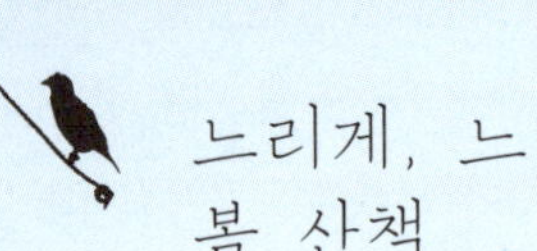

| 서울 효자동, 청운동 등 서촌 일대

경복궁역 4번 출구로 나와 5분만 걸어가면 화창한 봄산책에 어울리는 동네가 이어진다. 가회동이며 안국동이며 계동, 재동과 삼청동, 통의동, 창성동, 효자동, 누상동, 옥인동, 필운동 등이 자리한, 일명 북촌과 서촌으로 불리는 이 일대는 서울의 속살을 보고 싶어하는 뚜벅이들에게는 보물창고나 마찬가지인 곳. 기와지붕과 담쟁이넝쿨, 코끝에 맴도는 커피향, 구불구불한 골목길로 대변되는 이곳은 복잡한 서울 사대문 안쪽, 가장 중심에 있으면서도 그 어떤 곳보다 시간이 천천히 흐르는 곳이기도 하다.

요즘 한창 주가를 올리는 곳이 경복궁과 창덕궁 사이에 위치한 북촌. 본래 양반가 사람들이 살던 곳으로 아직까지도 옛 모습을 그대로 간직한 한옥들이 즐비해 시간이 멈춘 듯 고아한 분위기를 연출한다. 최근 골목 구석구석 카페와 갤러리, 인테리어 사무소 등이 들어서면서 젊은이들의 발길이 이어지고 있다.

이에 비해 서촌은 한적한 편이다. 서촌은 경복궁 서쪽에 있는 마을을 일컫는 별칭. 통의동, 창성동, 체부동, 효자동, 누하동, 누상동, 옥인동, 필운동 등이 퍼즐처럼 모여 있다. 북촌이 사대부를 비롯한 양반 집권 세력의 거주지였다면 서촌은 의관, 음악가, 화가 등 전문직 중인들이 살았던 부촌이었다고 한다. 조선시대에는 겸재 정선과 추사 김정희 등이 서촌에 살았고, 근대에는 화가 이중섭과 이상범, 시인 윤동주와 이상 등의 예술가들이 서촌 주민이었다. 겸재 정선의 명작 〈인왕제색도〉가 탄생한 곳도 바로 이 일대다. 우리나라 최초의 공립 보통학교인 매동초등학교와 공립 도서관인 종로도서관, 20세기 초 서양 선교사 건축의 특징을 간직하고 있는 배화여고 생활관 등 역사적 건축물들도 서촌 일대에 자리 잡고 있다. 그래서일까. 서촌 일대를 걷다보면 어딘지 모르게 예술적인 분위기가 난다.

산책은 효자로를 따라가는 것으로 시작한다. 이 길을 따라 대림미술관을 시작으로 영추문까지 진화랑, 브레인팩토리, 쿤스트독, 팩토리, 자인제노, 팔레드서울, 옆집, 류가헌 등의 전시공간이 이어진다. 길이 넓어 연인 손을 잡고 천천히 거닐기 좋다. 가로수에서는 봄 햇살이 쏟아져 내린다.

영추문 가까이쯤에서 투박한 벽돌로 지어진 허름한 건물 한 채를 만난다. 유난히 하얀 간판에 파란 글씨로 '보안여관'이라고 씌어져 있다. 보안여관은 80년 가까이 같은 자리를 지켜온 통의동 역사 그 자체다. 천재 시인 이상이 〈오감도〉에서 묘사한 막다른 골목이 보안여관 부근이었다. 미당 서정주는 보안여관에서 《시인부락》이라는 동인지를 만들었다. 김동리, 오장환, 김달진 등 문인들이 짐을 풀고 꿈과 희망, 현실에 대한 불만을 토로하며 술잔을 기울였던 곳도 이곳이다. 청와대와 가까운 탓에 군사독재 시절에는 청와대 직원들이 주고객이었고 경호원 가족의 면회 장소로 사용되기도 했다고 한다. 하지만 세월이 흐르면서 허름한 여관은 설 자리를 잃었다. 결국 2006년 문을 닫았는데, 다행히도 일맥문화재단과 메타로그가 건물을 인수해 문화공간으로 재탄생시켰다. 지금은 실험적인 예술인들의 공간으로 쓰이고 있다.

보안여관을 지나면 창성동한옥마을과 만난다. 사대문 안의 한옥 1,400여 채 가운데 300여 채가 서촌에 남아 있는데 대부분 1910년대 이후 주택 계획에 의해 대량으로 지어진 이른바 생활형 개량 한옥이다. 회벽 대신 콘크리트로 담을 쌓고 기와와 양철지붕이 맞닿아 있는, 책에서 보던 우리나라 전통 한옥과는 거리가 있어 보이지만 왠지 어렸을 적 살던 동네가 생각나는 친숙한 모습이다.

한옥마을에서 쌍홍문터, 해공 신익희 가옥을 지나 청운효자동 주민센터까지 가는 길은 거미줄처럼 얽힌 골목의 연속이다. 걷다 보면 길을 잃기 일쑤다. 관광 명소로 유명세를 탄 북촌과 달리 서촌 골목은 친절하지 않다. 이정표도 잘 마련되어 있는 편이 아니다. 그래도 서촌 골목은 으리으리한 한옥이 모여 있는 북촌보다 낯이 익다. 1990년대 말 건축 규제 완화로 서촌에 빌라들이 들어섰지만, 골목만큼은 어릴 적 동네에서 만나던 정취를 그대로 간직하고 있다. 고개를 조금만 들면 파란 하늘과 초록빛 산이 시야에 들어온다. 기와지붕을 타고 낮은 담장을 따라 고양이들이 산책을 다니기도 한다. 담벼락에 놓인 화분은 봄 햇살을 빨아들이고 있다. 좁디 좁은 골목길이지만 마냥 답답하게만 느껴지지 않는 이유는 골목 구석구석마다 이런 소소한 아름다움이 깃들어 있기 때문이리라.

TRAVEL NOTE
· 3~4월 봄 또는 10월 가을 무렵.
· 서촌 여행은 서울 도심 한가운데서 시작한다. 서울 지하철 3호선 경복궁역 4번 출구로 나와 효자로를 따라 걷는다. 종로구청 홈페이지에서 상세지도를 확인하는 것이 좋다. 통인시장에 '원조 기름떡볶이집'이 있다. 고추장으로 버무린 매운 떡과 간장으로 버무린 떡이 유명하다. '매종 기와'는 정통 프렌치 요리를 선보이는 한옥 레스토랑. 음악가 출신 윤혜성씨가 운영하고 있는 곳이다. '까델루뽀'는 효자동 레스토랑의 터줏대감. 수백 가지 와인 리스트를 보유하고 있어 와인 마니아들이 많이 찾는다.

누군가에게 위로받고 싶을 때
| 아산 공세리성당

공세리성당은 국내에서 가장 아름다운 성당 가운데 하나다. 붉은 벽돌과 먹빛 벽돌의 대조가 예쁘다. 성당은 수령 300년 이상의 고목 일곱 그루에 아늑하게 둘러싸여 있다. 단풍도 곱고 눈 덮인 겨울 풍광도 예쁘다. 드라마 〈모래시계〉, 영화 〈태극기 휘날리며〉 등의 배경이 되기도 했다. 가수 god도 뮤직비디오를 만들었고, 안치환도 성당의 은행나무 아래서 노랫말을 썼다고 한다.

성당은 프랑스 출신의 드비즈 신부가 1922년 중국인 기술자를 데려와 지었다. 성당 터는 조선시대 충청, 전라, 경상도 일대에서 거둔 조세를 쌓아 두었던 공세창고가 있던 자리다. 성당 옆 팽나무 가지 아래에는 성모상이 있고, 성당을 감싼 숲 그늘의 오솔길 가장자리에 십자가의 길 조상 재판에서 십자가형을 받고 죽기까지의 예수 수난을 기억하고 참배하기 위해 그 과정을 14개로 나누어 조각상으로 만든 것이 만들어져 있다.

때론 혼자 있을 곳이 필요하다는 사람들. 단 한 시간만이라도 혼자 시간을 보내고 싶은 분들께 공세리성당을 추천해 드린다. 무릎을 오그리고, 가슴에 얼굴을 파묻고 얼마간 가만히 있어보시길. 왜 그런 시간이 필요한지는 그렇게 있어보면 안다. 말로는 자세히 설명할 수 없지만 꼭 그렇게 해보시길. 때로는 견딜 수 없이 외로울 때, 그럴 때 가보면 좋겠다. 누군가에게 위로 받고 싶을 때, 그런 때 말이다.

TRAVEL NOTE
· 낙엽 위에 안개 자욱하게 깔리는 늦가을.
· 가을 봉곡사도 좋다. 아산시 송악면 유곡리에 있다. 신라 진성여왕 때 도선국사가 창건했는데,
고려 땐 석암사로 불렸다고 한다. 조선 말기 고승 만공 스님이 도를 깨우친 절이기도 하니. 절
입구 왼쪽 언덕에 세계일화(世界一花)라는 만공 스님의 친필이 새겨진 탑이 서 있다.

방 안에 봄바람이
불거나 말거나

관향다원은 쌍계사 지나 칠불사 가는 길에 자리하고 있는 수십 군데 다원 가운데 한 곳이다. 간판도 없이 오도커니 서 있지만 아는 사람 사이에서는 제법 유명해서, 찾는 이들의 발걸음으로 문턱은 어지럽다.

다원에 들어서 서성이지만 누구도 내다보는 기척이 없다. 소리내어 말한다. "차 한 잔 마실까 합니다." "……." "차 한 잔 마실 수 있을까요." 그제서야 마당의 삽살개가 짖고 미닫이 문이 드르륵 열린다. "들어오세요."

다실이 예쁘다. 황토바닥이고 벽은 한지를 발랐다. 창호지 문엔 붉은 홍매가 그려져 있다. 주인은 다기를 가지런히 놓아주며 원하는 차를 골라 마시라는 말을 남기고 조용히 사라졌다. 그리고 몇 분이 지났을까. 다식과 다화를 가지고 다시 들어왔다. 홍시가 올려진 접시와 꽃핀 매화나무 가지 하나가 꽂힌 화병이다.

"몇 해 전부터 관향다원에 매화 필 무렵이면 들렀습니다. 차맛은 잘 모르지만 매화 화병이 놓인 이 다상이며 문 고리 옆에 그려진 홍매 그림이 좋았습니다."

주인은 빙긋이 웃으며 차를 내린다. 관향다원은 4~5월 중 녹차잎을 채취해 말리고 덖는다. 주인이 직접 따서 덖은 차는 진하고 무겁다. 한 모금 마시면 강한 향과 맛이 오래오래 입에 남는다. 차는 세 번은 기본으로 우려 마시고 네 번째부터는 다식과 함께 마신다. 관향다원에는, 굳이 값으로 따지자면 100g에 100만원하는 우전차에서부터 시기를 달리 해 따낸 세작, 중작, 대작, 말작 등이 있다.

하동은 국내 최대의 야생차 재배지다. 화개골 가파른 계곡 기슭 곳곳에 차밭이 만들어져 있다. 지리산 화개동 쌍계사 주변은 차 시배지로 널리 알려져 있는데,《삼국사기》제10권 신라본기 흥덕왕 3년827년조에 보면 '당나라에 갔다가 귀국한 사신 대렴이 차종자를 가지고 왔다. 왕은 그것을 지리산에 심게 했다'고 적혀 있다. 이후 화개동은 임금님께 차를 바치는 곳, 즉 어차동천御茶洞天이 되었다. 쌍계사 일주문 못 미쳐 차시배 추원비가 세워져 있다.

"차는 흙이 중요합니다. 화개 산기슭은 전부 돌밭입니다. 물이 잘 빠지죠. 게다가 지리산이 운무를 쏟아냅니다. 습기도 풍부하죠. 차나무가 자라기에는 최적의 조건입니다."
주인의 설명이다. 화개의 연평균 기온은 섭씨 13.8도, 강수량은 1,538㎜다. 게다가 비탈이 워낙 가파르다보니 비료나 농약을 쓰기도 어렵다. 초의선사는《동다송》에서 "지리산 화개동에는 차나무가 40~50리에 걸쳐 자란다. 차는 골짜기의 난석에서 자란 것을 으뜸으로 치는데 화개동의 차밭은 모두 골짜기이며 난석"이라고 말했다.

주인은 다상에 놓인 다기를 계속 정리한다. 비뚤어진 줄이 있으면 바로 맞춘다. 다상 위에 놓인 다관이며 숙우, 찻잔, 탕관이 정갈하고 다상 앞에 앉은 주인은 허리가 곧다.

"다도라는 게 별 게 없어요. 얽매일 필요 없이 편하게 차를 마시면 됩니다. 제가 이렇게 다상을 정리하는 까닭은 얽매이는 게 아니라, 그게 편하기 때문입니다."

편하게 마시라는 것은 아무렇게나 마시라는 것이 아니다. 바르게, 옳게 마시라는 뜻이다. 바른 마음으로 바른 자세를 가지고 생활하다보면 차를 마실 때도 그 마음과 그 자세가 나온다. 거꾸로 바른 마음과 바른 자세로 차를 마시다보면 생활에서도 그 마음, 그 자세가 그대로 나온다. 차를 마시는 마음으로 살고 사는 그대로 차를 대할 것.

뒷뜰에 정리할 것이 있다는 핑계로 주인은 일어선다. 그가 잠시 문을 열고 닫은 사이 봄바람이 밀려들어와 화병의 매화나무 가지를 흔든다. 그 바람에 대출금 이자는, 이달에 챙겨야 할 집안 행사는, 미뤄 둔 약속 따위는 잠시 잊는다.

이 추위만 끝나면 퍼머 골마다 지끈거리는 뒤엉킨 머리칼을 쳐내야지. 나는 무거운 구두를 벗고 꽃나무 아래를 온종일 걸을 테다. 먹다 남긴 사과의 시든 향기를 맡으러 방안에 봄바람이 들거나 말거나.

—〈추운 봄날〉, 황인숙의 시

그래, 나는 화개에서 하루 이틀 생활 따위는 잊을란다. 맨발로 매화나무 아래를 걸으며 향이나 맡을란다. 방안에 봄바람이 들거나 말거나.

TRAVEL NOTE
· 매화가 피는 3월부터 차를 따는 5월까지.
· 쌍계사 지나 범왕리에서 칠불사 가는 시멘트 포장길을 따라 약 1.2km 가면 된다. 간판은 걸려 있지 않다. '범발골가든' 간판 직전이다. 내비게이션은 경남 하동군 화개면 범왕리 1303-1을 치면 된다. 관향다원(055-883-2538)

벚꽃은 솜뭉치처럼 피어
ㅣ 하동 쌍계사 벚꽃

화개. '꽃 화'에 '열릴 개'다. 꽃이 피는 마을이다. 참…… 이런 어여쁜 이름을 가진 마을도 있다. 아시다시피, 구례 지나 하동 읍내 가기 전, 화개장터 앞에서 좌회전해 쌍계사 가는 길을 따라 들어선 마을이다.

봄날 화개는 별유천지別有天地다. 섣부른 문장으로 3월의 화개를 설명할 바에야 이렇게 말하고 말겠다. 가서 보시라고.

쌍계사 가는 길, 오른쪽 차창 너머로 보이는 층층비탈에는 초록의 녹차밭이 일렁인다. 차밭 이랑 사이사이에는 벚꽃이 솜뭉치처럼 피어 있다. 그 환몽같은 풍경에 눈이 어지러워 여행자들은 자기도 모르게 급히 핸들을 꺾어 마을로 들어서곤 한다.

나 역시 그런 여행자와 다를 바 없으니 이름 모를 어느 마을로 내려가서는 천천히 길로 차를 몰아가며 이쁘다, 이뻐를 연발한다. 그러다 결국 차에서 내려 걷는다.

담장 너머로 기웃이 내민 매화나무며 모퉁이에 우두커닌 선 목련이며…… 투명한 꽃잎에 잠시 눈부셔하다가, 문득 애인이라도 있었으면 좋겠다고 생각한다. 어쩌면 이런 봄날은 불륜의 여자와 함께 꽃나무 아래에서 서로의 옆구리나 찌르며 키득거리는 일도 제법이겠다.

이런 황망한 생각이나 하며 나비가 꽃을 옮겨다니듯 이꽃 저꽃을 절뚝절뚝 옮겨다니던 나는 어느 담벼락 환한 매화나무 그림자 아래에서 시 한 수를 기억해낸다.

봄이다 / 쪼그러져 있던 씨앗들이 풍선들이 부풀어 올라 / 상추가 되고 동백이
되고 진달래 된다 / 봄은 부푸는 계절 / 내 가슴으로도 뜨거운 입김이 쏟아져 / 나
는 괜스레 홍조를 띠고 / 바람 든 소녀들은 붕붕 떠서 / 하늘로 하늘로 날아가려
하고

—〈대폭발 이후 우주의 모든 것은 풍선이다〉, 이대흠의 시

우리 봄날 가운데 하루 이틀 쯤은 이 시처럼, 부풀어 오르고, 홍조를 띠고,
붕붕 뜨고……. 봄, 봄, 이런 봄날에는 아무쪼록 하루이틀쯤은 이래봤으
면.

당신과의 즐거운 봄날 소풍

구파발을 지나 농협대 방면으로 차를 몰면 창 밖으로 비치는 풍경이 완연히 달라진다. 회색빛 아파트단지는 어느새 사라지고 한적한 시골길이 이어진다. 모심기가 끝난 논을 지나면 울창한 숲길이 펼쳐진다. 마치 강원도의 어느 길을 지나가고 있다는 착각마저 든다. 차창을 내리면 싱그러운 숲내음이 밀려든다. 그리고 어디선가 많이 보아왔던 멋진 길이 나타난다. 수령 50년에 이르는 100여 그루의 은사시나무가 길 양편으로 도열해 있다. 높이 뻗어있는 길가의 은사시나무들이 푸른 하늘과 키재기라도 하는 것 같다. 바람이 불 때마다 은사시나무들은 초여름의 눈부신 햇살을 떨어트리며 흔들린다.

길을 따라 언덕을 넘으면 서삼릉西三陵이 나온다. 조선말기 왕실의 가족 묘지다. 조선 제11대 중종의 계비繼妃인 장경왕후 윤씨의 희릉, 중종의 아들 인종과 그 비 인성왕후 박씨의 효릉, 그리고 사도세자의 증손자인 철종과 그 비 철인왕후 김씨의 예릉이 함께 있어 삼릉이라 불린다. 왕릉 주변에는 숲이 우거져 있고 잔디밭이 넓게 펼쳐져 있어 자리를 깔고 가족끼리 시간 보내기에 제격이다. 희릉과 예릉을 잇는 잘 정돈된 흙길은 활엽수림이 울창한데다 곳곳에 벤치가 마련되어 있어 산책을 즐기기에도 좋다.

서삼릉 바로 옆은 원당종마목장이다. 88올림픽을 앞두고 장애물 경주 경기장으로 건설했다가 뒤에 종마의 사육번식과 교배기술 지원을 목적으로 한 종마목장으로 탈바꿈했다. 일반에게 공개된 것은 1997년부터다.

37만㎡의 드넓은 초지에 한가로이 풀을 뜯는 말들을 보고 있노라면 외국에 와 있는 듯한 기분이 든다. 이 곳에는 83마리의 경주용 말과 종마 2마리가 있는데 초원이 건너편 야산 밑까지 드넓게 펼쳐져 영화 같이 아름다운 풍경을 연출한다. 멋진 풍경 때문인지 〈모래시계〉, 〈야망의 전설〉, 〈봄날〉 등 40여 편의 드라마와 영화를 촬영하기도 했다.

정문을 지나면 진입로 양쪽에 늘어선 은행나무가 짙은 그늘을 만들어준다. 길 오른쪽으로는 하얀 페인트 칠을 한 울타리가 진초록 초원을 품고 있다. 5분 정도 걸어가면 야트막한 언덕이 나온다. 그리고 언덕에 올라서면 드넓은 초지가 펼쳐진 것이 보인다. 하얀 목책을 따라 산책로가 마련되어 있는데, 길이는 전체 약 4km에 달한다. 걷기에 딱 좋은 거리다. 숲으로 둘러싸인 목초지를 산책하며 기수 후보생들의 기승훈련을 보는 것도 또다른 즐거움이다. 근처에 있는 여러 개의 벤치와 작은 매점에서 음료를 마시거나 쉬면서 '모의 경주'를 구경하는 재미가 쏠쏠하다.

종마목장은 사계절 아름답다. 봄이면 벚꽃이 활짝피고 여름이면 짙푸른 녹음이 목장을 채색한다. 가을에는 노란 옷으로 갈아입은 은행나무들과 지천에 깔린 낙엽들로 운치가 제법이고, 눈이 내리는 겨울에는 설원을 카메라에 담으려는 디카족의 발길이 끊이지 않는다.

서삼릉과 종마목장을 둘러 보았다면 오는 길에 허브랜드에 들러도 좋다. 서삼릉 입구 삼거리에서 보이스카우트 중앙훈련원 방향으로 5분 정도 달리면 커다란 비닐하우스를 만난다. 이곳이 허브랜드다. 2,000여 평의 공간에 80여 종에 달하는 허브를 직접 만져도 보고, 향도 맡고, 자기가 원하는 허브를 잘라서 차로 시음을 할 수 있다. 또 맘에 드는 허브를 시중보다 저렴한 가격에 구입할 수 있다. 드라마 〈내조의 여왕〉에 등장하기도 했다.

· 벚꽃이 만발하는 4월, 주말에는 너무 붐벼인다. 평일에 가는 것이 좋다.
· 서울 구파발에서 통일로를 따라 일산 방향으로 가다 만나는 삼송리 검문소에서 원당쪽으로 좌회전한다. 이곳에서 310번 도로를 타고 들어가면 '서삼릉, 농협대학, 원당목장' 이정표가 보인다. 음식점들을 지나 숲길을 들어서면 농협대학이다. 서삼릉 입구는 농협대학에서 2km쯤 더 들어간다. 대중교통은 지하철 3호선을 이용한다. 삼송역에서 내려 5번 출구로 나와 1번 마을버스를 타면 된다.

마음 속 열목어 두어 마리
키우는 일

정암사는 신라 선덕여왕 14년645년에 자장율사가 창건했다. 부처의 진신사리를 모신 국내 5대 적멸보궁 중 하나다. 종각 뒤로 돌아가면 적멸궁이 있다. 적멸궁은 '부처님이 열반에 들어 항상 머물러 계시는 궁전'이라는 의미다.

적멸궁을 들여다본다. 수미단에는 불상이 없고 방석만 있다. 부처님의 진신사리를 모셨기 때문. 부처의 진짜 몸이 있으니 따로 상을 만들 필요가 없다.

하지만 부처님 진신사리는 이곳이 아닌 적멸궁 뒤편 수마노탑에 봉안되어 있다. 냇물 건너 단풍나무숲으로 난 돌계단을 7~8분 정도 올라가면 만날 수 있다. 수마노탑은 마노석으로 지은 벽돌탑인데, 상륜부에 청동장식을 한 7층 모전석탑이다. 여기에선 정암사의 아늑한 정경 너머로 고한읍이 멀리 내려다보인다.

수마노탑에서 내려와 정암사 개울을 바라보며 개울물 소리를 듣는다. 이 개울에 열목어가 산다고 하는데, 여행이란 게 마음 속 한 켠에 맑은 시냇물 흐르게 하고 열목어 두어 마리 키우는 일, 사는 게 팍팍하거나 괜히 안쓰럽게 느껴질 때 개울물을 빤히 들여다보는 일, 그런 일 아닐까 하는 섣부른 생각도 가져본다.

정암사에서 만항재가 지척이다. 만항재는 국내에서 가장 높은 도로다. 만항재 정상은 해발 1,330m. 우리나라에서 승용차로 오를 수 있는 포장도로 중 가장 높다. 구름도 쉽사리 이 고개를 넘지 못한다. 이런 까닭에 운무 속을 주유하는 듯한 기분도 맛볼 수 있다.

만항재는 20여 년 전까지만 해도 석탄을 나르던 고갯길이었다. 더 옛날엔 정선 고한 사람들이 이 고개를 넘어 태백의 황지를 거쳐 봉화의 춘양까지 가서 소금을 사왔다. 얼마나 험하고 먼 길이었던지 소금 한 가마를 지고 고한에 돌아오면 소금이 녹아 반 가마도 채 남지 않을 정도였다고 한다.

만항재 정상에는 '산상의 화원'이란 이름으로 약 10만 평의 야생화 정원 이 조성되어 있다. 봄부터 가을까지는 꽃들이 만발한다. 아마도 세계에서 자동차로 닿을 수 있는 가장 높은 정원일 것이다.

산책로도 만들어 놓았으니 꼭 걸어보시길. 그 기분을 글로 표현할 수 없겠 다. 흔한 표현이지만 '구름 속의 산책'이라고 부를 수밖에 없겠다.

상상해보시라. 낙엽송 사이로 구름과 안개가 흘러 들어오고, 야생화 사이 로 사향제비나비가 커다란 날개를 펄럭이며 날아다니는 풍경.

몽환이다. 그 풍경 속에 서 있으면 마음도 저절로 만발한다. 사랑 따위는 없어도 살 수 있겠다 싶다.

TRAVEL NOTE
· 10월말은 되어야 만항재에 가을 야생화가 핀다.
· 정선 쪽에서 만항재 정상에 닿기 직전, 왼편으로 나있는 태백선수촌 분촌 팻말을 보고 사잇길 로 접어들어 달리다가 다시 갈림길에서 왼쪽 길을 택하면 함백산 정상에 닿는다. 시멘트 포장도 로가 나 있는데, 정상의 방송중계소 운영 때문에 놓인 것이다. 일출을 보기 위해 찾는 사람이 많 다. 정상의 바람이 세차다. 옷차림에 신경 써야 한다. 만항재 야생화를 본다면 새벽이 좋을 듯. 운무가 밀려올 때 더욱 신비스럽다.

무릉도원에 들어서다

| 영덕 지품면 복사꽃

034

5월이면 영덕에 복사꽃이 핀다. 무릉도원을 이룬다.

안동에서 영덕으로 넘어가는 국도 34호선을 따라가다 황장재를 넘어서면 지품면에 닿는데, 동해로 흘러드는 오십천을 따라 복사꽃밭이 이어진다. 강변의 평평한 밭고랑은 물론 산비탈의 계곡까지 연분홍 복사꽃이 가득하다.

복사꽃 필 무렵이면 이곳 아낙들의 손길도 바빠진다. 복숭아 씨알을 굵게 하려면 일일이 손으로 복사꽃을 솎아내야 하기 때문이다. 수건을 머리에 두른 수십 명의 아낙들이 콧노래를 흥얼거리며 꽃잎을 따는 모습은 상상만 해도 장관이다.

영덕이 원래부터 복사골은 아니었다. 논과 밭뿐인 평범한 시골이었다. 하지만 1959년 사라호 태풍이 휩쓸고 가면서 마을의 운명이 바뀌었다. 장비가 없어 쏟아져 내린 토사를 걷어낼 방법을 찾지 못했고 마을사람들은 생계를 걱정해야 했다. 이런 와중에 척박한 토질에서도 뿌리를 내리는 복숭아나무를 생각했고, 모래가 많이 섞이고 물이 잘 빠지는 토질 때문에 복숭아 수확이 예상보다 훨씬 좋았다. 새옹지마라고나 할까. 수십 년의 세월이 흐른 지금 복사꽃은 영덕대게와 함께 영덕관광의 효자 노릇을 톡톡히 하고 있다.

영덕읍에서 옥계유원지로 가는 69번 지방도 달산면 일대도 온통 복사꽃 천지다. 오십천 지류인 대서천을 거슬러 오르면 옥계계곡 조금 못 미쳐 옥산리가 나타나는데, 이곳 복숭아밭도 사진작가들이 즐겨 찾는 곳이다.

복사꽃밭에 선다.
진한 향기가 코 속으로 스민다.
귓전에는 벌들의 붕붕대는 소리.
이백의 시 〈산중문답〉이 떠오른다.

누가 나에게 묻기를, 무슨 일로 푸른 산에서 사는가? / 웃고는 대답하지 않으니
마음은 절로 한가롭네 / 복사꽃은 흐르는 물에 아득히 떠내려가니 / 별천지일세,
이곳은 사람 세상이 아니로세

5월이면 지품면은 별천지다.

TRAVEL NOTE

· 4월 말에서 5월초에 복사꽃이 핀다.
· 중앙고속도로 서안동IC로 나와 34번 국도를 타고 안동 진보를 거쳐 황장재 고개를 넘으면 영
덕까지 복사꽃 길이 이어진다.

노 저어 유유자적 즐기는
가을 물길

카누는 북미 인디언들이 즐겨 타던 배다. 강이나 바다에서 교통수단, 수렵 도구로 사용했다. 카누는 자작나무, 바다표범 가죽 등으로 만드는데, 춘천 물레길에는 적삼나무로 만든 클래식 우든 카누가 사용된다. 일일이 손으로 나무를 붙여 만들며 무게가 20kg 안팎으로 가볍다.

카누의 묘미는 느리고 여유롭다는 것. 패들링(노젓기)을 하면 배는 고요히 물살을 가르며 앞으로 나아간다. 부드럽게 수면을 미끄러지는 카누는 타는 이의 마음을 가라앉혀준다. 주위 풍경도 새롭게 다가온다. 구름이 흘러가는 것도 보이고 노에 물살이 떨어지는 소리까지 들린다. 이게 모두 카누가 느리기 때문이다. 한결 여유롭게 주위 풍경을 즐길 수 있다는 것, 그리고 마음 내키는 곳에 배를 세우고 자연을 느낄 수 있다는 것, 이것이 카누만의 매력이다.

우윳빛 물안개를 헤치며 유유히 앞으로 나아가는 기분은 마치 구름 속을 떠다니는 듯한 느낌. 안개 속에 아련히 떠 있는 섬이며 날개를 퍼득이며 날아가는 물새의 풍경은 이곳이 천국이 아닐까 하는 착각에 빠지게 할 만큼 아름답다.

TRAVEL NOTE

· 10월 초, 선선한 초가을 무렵이 카누를 타기 가장 좋다.
· 상봉역에서 춘천역까지 전철이 다니면서 춘천여행이 한결 수월해졌다. 동서울시외버스터미널에서 춘천시외버스터미널까지 버스가 20분 간격으로 운행한다. 서울춘천고속도로를 이용해 춘천IC로 나오면 된다. 사단법인 물레길(070-4150-9463)에서 예약할 수 있다.

유월의 숲 속을 걷는다는 것

│ 횡성 숲체원

유월은 일년 중 숲이 가장 아름답고 찬란할 때. 한여름의 짙은 신록으로 가기 전, 숲은 유월 한 달 동안 밝고 눈부신 초록에 머문다. 그 초록은 설레고 사랑스러워서 단지 숲 속에 발을 들이는 것만으로도 마음 한 켠이 환해지고 다정해진다.

유월의 숲에는 온갖 살아있는 것들의 기척과 디테일들로 가득하다. 햇살을 받은 나뭇잎은 잠자리 날개처럼 투명하게 빛나고 유월의 따스한 공기 속에서 나무껍질은 말랑거린다. 엄지손가락으로 지그시 나무를 누르면 지문이라도 남을 것 같다. 거미들은 자신들의 시간을 몸 속에서 빼어내 견고한 집을 짓느라 바쁘고 나무둥치에 서린 이끼에는 생기가 돈다. 숲 어딘가에서 흰 열무꽃잎 같은 나비들이 팔랑거리며 날아와 문득 눈앞으로 다가서는 때도 유월이다. 숲에 고인 공기에서는 달콤하고 새콤한 박하향이 나는 것도 같다.

알고 있는 유월의 숲이 있으신지. 없다면 강원도 횡성에 자리한 '숲체원'을 권해드린다. 횡성 태기산과 청태산 사이, 옛 영동고속도로 영동1터널 옆에 있다. 다짜고짜, 그냥, 막무가내로 말씀드린다. 이 숲 참 좋다고. 이맘 때 당신이 여행을 떠난다고, 그런데 어디로 갈 지 몰라 망설이고 있다면, 그래서 내게 좋은 여행지를 묻는다면, 당신의 등을 떠밀며 숲체원으로 가보시라고 하겠다. 그만큼 좋다.

먼저 숲체원에 대해 잠깐 알아보자. 숲체원은 한국녹색문화재단에서 운영한다. 지난 2007년 9월 개원했다. 청소년을 비롯한 일반인에게 숲문화 체험을 제공하는 것이 주된 일이다. 6개의 숲 탐방로가 만들어져 있고 통나무로 된 숙소도 준비되어 있다. 각종 회의나 세미나, 전시회, 관련 시민단체의 교류장소로 활용된다. 몸이 아프거나 불편한 이들이 휴양을 위해 많이 찾는다. 약 2~3시간이면 전체를 둘러볼 수 있다.

숲체원에는 일명 '편안한 등산로'라고 불리는 등산로가 있다. 해발 920m의 정상까지 나무 데크를 깔아 길을 만들어 두었다. 그래서 '데크로드'로도 불린다. 길이는 약 1km. 느긋한 걸음으로 30~40분 정도면 이 길을 걸어볼 수 있다. 이 길은 누구나 갈 수 있도록 만들어졌다. '갈 지'之 모양으로 산허리를 왔다갔다하며 경사각을 줄인 까닭이다. 휠체어나 보행보조기구를 이용하는 이들을 비롯해 노약자, 임산부 등도 정상의 전망대까지 오를 수 있다.

자, 이제 숲을 걸어보자. 등산로 입구부터 기분이 좋아진다. 맑은 시냇물이 흐른다. 졸졸졸 음악처럼 흐르는 시냇물 소리에 잠시 귀를 씻는다. 이 물에는 가재도 살고 개구리도 산다. 물방개며 손바닥에 담을 수 있는 작은 물고기들도 헤엄치고 있다.

숲에 들어선다. 유월이지만 울창한 숲이 내뿜는 공기는 청량하면서도 차갑다. 살갗에 닿는 바람이 오소소 소름을 돋게 만든다. 반팔 티셔츠를 달랑 입고 갔다면 가벼운 점퍼라도 걸쳐야 할 듯 싶다. 발이 나무데크를 걸을 때마다 발자국 소리가 탁, 탁, 탁 숲속에 울린다. 멀리 딱따구리와 멧새 소리가 날아와 발치에 떨어진다.

팔을 벌리고 깊은 심호흡을 해본다. 콧속으로 맑은 공기가 스민다. 민트향이 나는 것 같기도 하고 갓 꺾은 방아잎 향이 나는 것 같기도 하다. 아니면 아카시아향일까, 아니, 어쩌면 곰취잎에서 맡아본 것 같기도 하다. 머릿속이 맑아지는 것만 같다. 깨끗하게 삶은 행주로 생각의 기름기를 말끔하게 닦아내는 느낌이다.

등산로를 걷는 걸음은 자꾸만 느려진다. 은방울 꽃을 보느라, 나뭇잎을 횡단하는 다리가 여럿 달린 벌레들을 지켜보느라 그렇다. 오늘은 잠시 도시의 비좁은 생에서 벗어나 우리가 가진 시간들 가운데 몇 시간을 나무들 사이에 내려놓았다. 그리고 쇼윈도를 보느라, 스마트폰으로 급한 이메일을 확인하느라, 서류를 찾기 위해 가방을 뒤적이느라 걸음이 느려진 것이 아니라, 한 송이 꽃을 보기 위해 걸음이 느려졌다.

느리게, 느리게 걸음을 작동하며 등산로를 올라간다. 숲은 신갈나무며 자작나무, 철쭉, 산벚나무, 물박달나무, 함박꽃나무, 단풍나무, 전나무로 빼곡하고 지금 싱싱한 봄물이 들고 있다. 그렇게 얼마나 갔을까. 나도 모르는 사이 정상 전망대에 섰다. 멀리 숲체원의 전경이 내려다보인다. 드문드문 통나무집이 숲 속에 깃들어 있다. 헨리 데이빗 소로우의 한 구절을 읊조린다. 분명 오늘 숲체원 산책에 어울리는 한 구절이다.

나는 자유롭게 살기 위해 숲속에 왔다. / 삶의 정수를 빨아들이기 위해 사려 깊게 살고 싶다. / 삶이 아닌 것을 모두 떨치고 / 삶이 다했을 때 삶에 대해 후회하지 말라.

맛있는 빵집과 클래식 음악다방
그리고 절집 앞마당의 적요

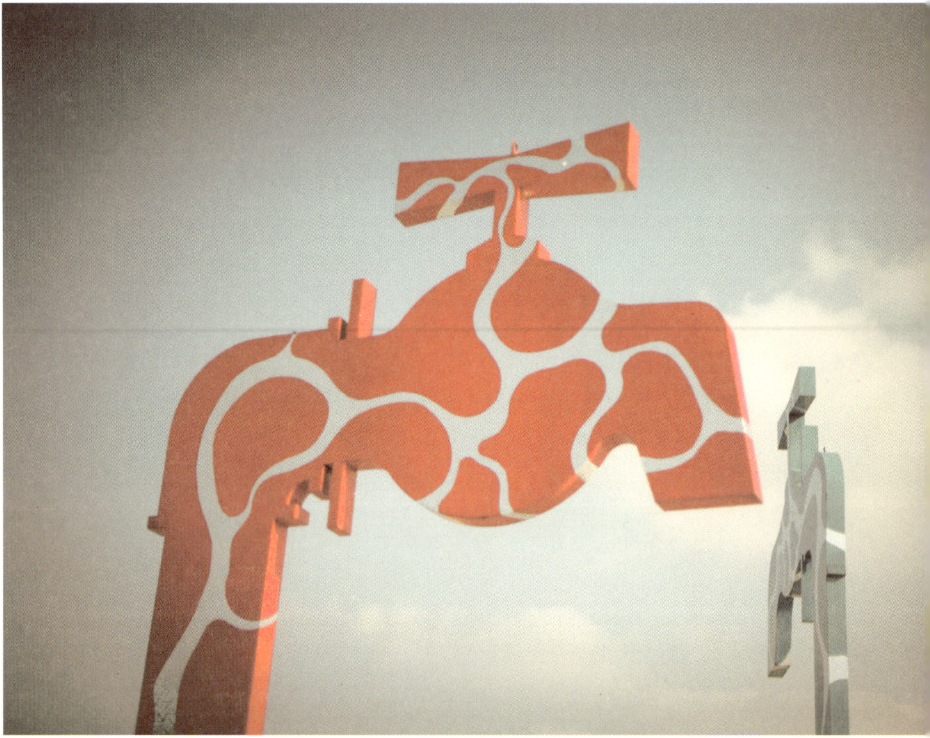

2월에는 파주에 가보자. 맛있는 블루베리 식빵을 파는 빵집이 있고, 미술관에서 전시도 즐길 수 있다. 한 시절을 풍미하던 DJ가 운영하는 카페에서 클래식 음악을 들으며 커피 한잔도 즐겨보자. 빛 바랜 단청이 아름다운 절집도 있다

자유로는 휴일 정체 걱정 따위는 하지 않아도 된다. 프로방스~헤이리 예술마을~평화누리공원~보광사~용미리 석불을 따라가면 꽤 근사한 당일치기 여행코스를 만들 수 있다.

첫 코스는 프로방스다. 헤이리 예술마을 가기 전 만날 수 있다. 초록색, 분홍색, 푸른색으로 칠해진 예쁜 집들이 보는 것만으로도 머나 먼 여행을 떠나온 듯 가슴을 쿵쾅거리게 한다. 이름 그대로, 프랑스 남부 도시 프로방스를 그대로 옮겨놓은 것 같다. 1996년 프랑스 레스토랑인 '프로방스 레스토랑'이 문을 열면서 만들어졌는데, 해마다 건물들이 들어서면서 지금은 커다란 마을로 성장했다. 초기엔 레스토랑 한쪽에 꽃무늬가 그려진 접시와 머그컵을 팔았다. 지금은 중식당, 카페, 베이커리 등 먹을거리도 다양해지고, 허브 식물원, 패션 숍 등 다양한 상점도 들어섰다.

프로방스 앞이 헤이리 예술마을이다. 시인이 차를 건네주는 북카페가 있고, 한때 FM 라디오를 주름잡았던 DJ가 운영하는 클래식 음악 감상실이 있는 곳. 격조 높은 미술관과 전시실을 둘러보며 도시 생활에 황폐해진 마음을 가다듬을 수 있는 헤이리는 2월에 가장 어울리는 여행지가 아닐까.

헤이리의 길은 반듯하지 않다. 자연이 만든 굴곡을 그대로 따라간다. 아

스팔트도 깔지 않았다. 헤이리를 보는 가장 좋은 방법은 이 길을 따라 어슬렁거리며 산책하는 것. 산책을 하다 재미있는 건축물을 만나면 카메라에 담는다. 이 각도에서도 찍어보고 저 각도에서도 찍어본다. 그러다가 마주치는 미술관에 쓰윽 들어가 작품을 감상한다. 그리고 또 걷는다. 바람이 차갑다면 카페에 들어가 따뜻한 차를 마시면 된다.

헤이리에서 나와 자유로를 계속 따르면 평화누리공원이다. 이스트 섬의 모이모이상을 연상시키는 작품과 수천 개의 바람개비가 디카족들의 촬영명소로 인기를 끌고 있는 곳. 공원 옆에 자리한 자그마한 놀이동산은 동심을 일깨운다.

프로방스와 헤이리에서 눈이 한껏 즐거웠다면 다음 코스는 보광사다. 한겨울의 적요로 가득한 사찰이다. 우리나라에는 보광사라는 이름의 사찰이 많다. 창건 연대가 밝혀진 보광사 가운데 가장 오래된 고찰이 파주 고령산 기슭에 안겨 있는 보광사다. 894년신라 진성여왕 8년 왕명에 따라 도선국사가 비보사찰로 창건했다.

보광사 대웅전이 멋있다. 전통 목조건축 양식을 따르고 있다. 정교하고 화려하게 조각된 공포와 퇴색한 단청이 고풍스러운 멋을 풍긴다. 외벽도 흥미롭다. 다른 사찰과 달리 외벽을 흙벽이 아니라 목판으로 처리했는데, 여기에 아름다운 민화풍의 벽화를 그려놓았다. 대웅보전 편액은 영조의 친필로 알려져 있다. 대웅전 앞에 가만히 서 본다. 계곡의 맑은 물소리, 산사의 풍경소리, 목탁소리, 스님의 독경소리, 향 내음이 어우러진다.

보광사 근처에 용미리 석불이 있다. 고려시대에 제작된 것으로 추정되는 석불보물 제93호로 천연암벽을 몸체로 하고 그 위에 목, 얼굴, 갓을 조각해 얹

어놓았다. 두 구가 있는데, 왼쪽은 미륵불이고 오른쪽은 미륵보살이란다. 미륵은 석가모니불의 뒤를 이어 56억 7,000만 년 후에 도솔천으로부터 인간세계로 내려와 석가모니불이 미처 구제하지 못한 중생들을 구제할 미래의 부처다. 미륵불 곁에 서 있는 미륵보살의 합장이 간절하다. 덧붙이자면, 미륵불이 들고 있는 연꽃의 꽃송이는 언제 떨어져나갔는지 애당초 알 길이 없고, 어느 적인가 올려 놓았다는 어깨 위의 동자상도 지금은 사라지고 없다.

바다와 풍경 소리,
그리고 맑은 차 한잔

잠시만이라도 지금 내가 있는 이 곳에서 벗어나고 싶을 때가 있다. 그렇다고 1박2일로 떠나자니 마음이 편치 않을 때, 강화도 어떨까. 바다가 있고 갈매기 울음소리가 있고 마음 쉬기 좋은 아담한 사찰도 있다. 그냥 청바지 차림에 운동화 신고 지갑만 주머니에 푹 찔러놓고 가벼운 마음으로 다녀오면 된다.

자유로를 타고 김포 방면으로 빠져 48번 국도를 타고 가면 강화도다. 초지대교를 건너면 대명포구에 닿는다. 대명포구는 행정구역상 김포에 속한다. 차에서 내리자마자 바다 내음이 훅, 하고 끼쳐온다. 처음 드는 생각은 '서울 도심에서 고작 20여 분을 벗어났을 뿐인데, 분위기가 이렇게 다를까' 라는 것. 그리고 두 번째 드는 생각은 '오길 잘했다'는 것.

주차장에서 바다가 멀지 않다. 바닷가 개펄에는 어선이 배를 땅에 대고 비스듬히 누워 있다. 갈매기가 끼룩끼룩하고 날아다니는 모습이 정겹다. 선착장까지 걸어갈 수 있다. 선착장 가는 도중 땅 위에 올라온 배 몇 척을 만난다. 배는 여러 번 타 본적은 있지만 배 밑바닥을 이렇게 가까이에서 본 적은 없다. 스크류와 조향키가 마냥 신기하기만 하다. 어판장도 있는데, 어촌계 소속 어민들이 갓 잡아 올린 싱싱한 생선을 구입할 수 있다.

다음 코스는 초지진이다. 1866년 병인양요 때와 1871년 신미양요, 그리고 1875년 운양호 사건 때 전투가 벌어진 곳이다. 학창시절 국사 교과서에서 배웠던 기억이 새삼스럽다. 성곽의 길이는 500m가 채 되지 않는다.

초지진에 올라 바라보는 강화도의 풍광이 그림처럼 아름답다. 하늘에는 뭉게구름이 두둥실 떠 있고, 바다에는 초록색 예쁜 등대가 우두커니 서 있다. 바다 너머에서 시원한 바람이 불어와 목덜미에 맺힌 땀을 씻어준다. 개펄에는 아이들이 조개를 잡느라 뛰어 놀고 있고, 누군가가 캔버스를 세우고 그림을 그리고 있다. 얼마만에 가져보는 여유로운 시간인지. 여름 한낮 강화도의 풍경은 평화롭기만 하다

강화도에는 전등사라는 예쁜 절이 있다. 절을 향해 흘러가는 아늑한 숲길이 좋고, 풍경 소리가 좋고, 차 맛이 좋은 절이다. 초지진에서 20여 분 거리다.

입구 격인 삼랑산성을 지나면 울울한 소나무 숲길이 이어진다. 푹신한 흙길은 산책을 즐기기에도 좋다. 전등사는 고구려 아도화상이 세웠다는 고찰. 대웅전의 처마 밑에 있는 신기한 나무 조각상으로 유명하다. 벌거벗은 여인이 네 귀퉁이에서 지붕을 인 형상이다. 절을 짓던 목수가 자신의 사랑을 배반하고 도망친 여인에게 벌을 주기 위해 조각해 넣었다는 전설이 깃들어 있다.

전등사 들어서기 전 죽림다원이 있다. 차 맛이 좋다. 곡우를 전후해 경남 하동에서 만들어 온 녹차를 쓴다. 진한 대추차도 맛있다.

전등사에서 나와 동막해수욕장으로 간다. 탁 트인 바다를 볼 수 있는 곳이다. 동막해수욕장은 강화도 본섬의 유일한 해수욕장. 밀물 때는 잔잔한 물결이 일고, 썰물 때는 1,800만 평 규모, 직선거리 4km의 갯벌이 드러난다. 세계 4대 갯벌의 하나이며 천연기념물 제419호기도 하다.

광활한 갯벌 위로 쏟아지는 한낮의 태양은 눈부시다. 해수욕장 동쪽 끝에

있는 분오리 돈대에 오르면 갯벌의 장관이 한눈에 들어온다. 동막해수욕장의 물은 갑자기 깊어지지 않는다. 한참을 걸어가도 고작 무릎 높이밖에 차지 않는다.

이곳에서 바라보는 일몰도 괜찮다. 수평선 너머에서 섬을 집어삼킬 듯 붉게 노을이 번져온다.

노을도 어느덧 사위고 어둠이 내렸다. 자, 이제 집으로 돌아갈 시간이다. 오늘 여행은 그럭저럭 괜찮았다. 도심을 빠져 나와 다리 하나를 건넜고, 바다를 바라보았고, 절집 풍경 소리를 들으며 차 한 잔을 마셨다. 이만하면 된 것 아닌가. 우리의 여행이 매번 거창할 필요는 없지 않은가.

TRAVEL NOTE

· 강화도는 언제 찾아도 좋지만 개펄에 햇살이 찬란히 내려앉는 5월 무렵이 좋다.

· 강화도에는 갯벌 장어가 유명하다. 민물 장어를 강화도 갯벌에 '방목' 시켜 기른 것이다. 바닷장어와 육질이 비슷하지만 쫄깃하고 기름기가 없는 것이 특징이다. 초지진에서 가까운 곳에 장어집이 여럿 있다. 장어뼈를 통째로 고아 만든 기본 육수에 계피, 감초 등의 한약재, 구운 사과와 배 등의 과일, 로즈메리 등의 허브를 함께 넣고 9시간 이상 끓인다. 설탕 대신 청주를 넣는 것도 특징이다. 소스를 바른 후 굽는 게 아니라 양념하지 않은 장어를 먼저 바싹 구워 비린내를 한 번 가신다. 그 후 소스를 발라 구워낸다. 비린 맛이 나지 않는다.

그날 밤 이후 나는 조금 더
착한 사람이 되었지

통영 소매물도

039

통영에서 1시간 10분. 매물도를 거치면 소매물도에 닿는다.

소매물도는 작은 섬이다.
고작 11가구가 산다.
반나절이면 돌아볼 수 있다.
여행 코스라야 망태봉을 지나 등대섬을 다녀오는 것밖에는 없다.
선착장에서 섬 정상인 망태봉까지는 30분이면 닿는다.

망태봉에서는 등대섬이 내려다보인다.
푸른 바다 위에 별처럼 생긴 섬이 떠 있고, 섬에는 눈부시게 하얀 등대가
서 있다.
이 풍경이 옛날 어느 과자 광고에 등장했고, 이후 섬은 '유명 관광지'가
됐다.

유명해졌지만 섬은 여전하다.
여느 관광지와는 달리 아직도 한적하고 조용하고 수줍다.

소매물도에서 하룻밤을 보낸 적이 있다.
선착장 왼쪽으로 난 길을 따라가면 폭풍의 언덕이라는 곳에 닿는데, 그곳
에서 바라본 밤하늘은 너무나 비현실적이어서 나는 지금도 그 밤이 실재
했는지 의심하곤 한다.
별, 별, 별들……
수억 개의 별들이 바다 위에, 하늘 위에 떠 있는 그런 밤이었다.

나는 팔베개를 하고 누워 별들이 가득한 밤하늘을 바라보고 있었는데, 어느새 내 속에서 정체를 알 수 없는 감정이 솟아나기 시작했다.

그건 분명 이전에는 내 속에 없었던 따스한 것들이었다.

그러니까, 뭐라고 말할까, 포근하고 뭉클하고 간절하고 고요하고 다정한… 그런 감정.

나는 별을 바라보며 내가 조금 더 선한 인간이 되어가고 있구나, 하는 그런 느낌이 들었다.

어쨌든 나는 아직도 그날 밤의 그 감정을 기억하고 있고,

나는 내가 나빠지려 할 때마다 소매물도에서의 하룻밤을 떠올리려고 노력한다.

TRAVEL NOTE

· 동백이 피는 3월도 좋고 가을 무렵도 괜찮다.
· 통영여객선터미널(055-642-0116)에서 소매물도 가는 배를 탈 수 있다. 선착장 인근의 다솔칫집은 소매물도를 찾은 여행자들의 사랑방 같은 곳이다. 소매물도에 여행 온 사람들끼리 인사도 나눈다. 마음이 맞는 이들은 통영으로 나가 소주잔을 기울이기도 한다.

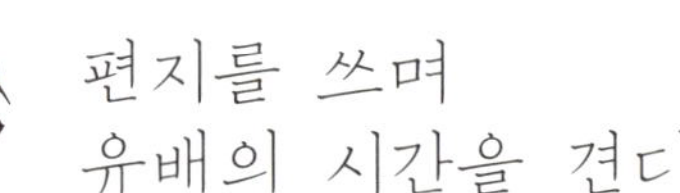

편지를 쓰며
유배의 시간을 견디다

강진 다산초당과 백련사

강진하면 먼저 떠오르는 이가 다산 정약용이다. 경기 남양주 출신인 다산은 천주교를 믿었다는 죄로 강진으로 유배를 와 18년을 살았다. 1801~1818년까지, 40세에서 57세에 이르는 시기였다. 유배지에서 홀로 남겨진 그를 찾아온 건 '외로움'이었다. 물도, 바람도, 기후도 낯선 먼 마을. 서울에서 귀양 온 '폐족'을 아무도 반겨주지 않았다. 다산은 "7년 동안 유배지에 낙척하여 문을 닫아걸고 지내다 보니 노비들조차 나와는 함께 서서 이야기도 하려 하지 않는다"고 친구에게 편지를 썼다. 그가 얼마나 외롭고 먹먹한 심정으로 하루하루를 살았는지 짐작해볼 수 있다.

외로움을 이기기 위해 그는 공부에 매달렸고 유배생활 동안 600여 권의 저서를 쏟아낸다. '보이는 것은 하늘 빛깔뿐이고, 밤새도록 들리는 것이라고는 벌레 울음소리뿐'인 외로움을 안고 다산은 《논어》《맹자》《시경》《목민심서》 등을 펴냈다. 모두 정약용의 역작으로 꼽히는 작품들이다. 개인에게는 불행하기 그지없는 시간이었지만 이 땅의 학계에는 축복의 시간에 다름 아니었던 것이다. 어쩌면 다산의 위대함은 그가 남긴 수백 권의 저서나 그의 학문이 갖춘 위엄 이전에, 유배라는 고립된 환경과 18년이라는 미지의 시간을 버텨낸 그의 의지에서 먼저 찾아야 하는 것인지도 모른다.

공부, 독서, 저술 기계였던 다산이 바깥과 유일하게 소통할 수 있는 수단이자 창구는 편지였다. 다산은 틈틈이 멀리 떨어져 있는 두 아들 학연과 학유, 둘째 형 정약전, 그리고 제자들에게 간곡한 내용의 편지를 썼다. 가장 많은 건 아들들에게 보낸 편지다. 그는 편지에서 아들들에게 공부하라고 채근한다.

"집에 책이 없느냐, 몸에 재주가 없느냐, 눈이나 귀에 총명이 없느냐. 어째서 스스로 포기하려 하느냐. 영원히 폐족으로 지낼 작정이냐. 너희 처지가 비록 벼슬길은 막혔어도 문장가가 되는 일은 꺼릴 게 없지 않으냐."

둘째 형님 정약전에게도 편지를 보낸다.

"형님, 이번에 공부를 하다 보니 요순 시대의 고적考績제도를 새롭게 깨달았습니다. 형님, 지난번 말씀하신 형님의 논의는 너무 탁월합니다. 이번엔 참고 삼아 제 논의도 조금 덧붙여 봅니다. 읽어보시고 말씀해주세요. 형님, 강진의 물소리가 차갑습니다. 그곳도 계절이 바뀌고 있겠지요?"

다산은 강진에 처음 유배와 4년 동안은 강진읍성 동문 밖 주막집 바깥채 사의재四宜齋에 머문다. 사의재는 '생각, 용모, 언어, 동작이 올바른 이가 사는 집'이라는 뜻이다. 이곳에서 그는 주막집에서 일하던 표씨부인과 인연을 맺고 홍림이라는 딸까지 낳게 된다. 그러다 그를 곤궁히 여긴 해남 윤씨 일가가 초당을 지어주어 거처를 옮기게 되는데 그것이 다산초당이다. 다산은 거처를 옮기며 '이제야 생각할 겨를을 얻었다'며 기뻐했다고 한다.

다산초당 가는 길은 기분 좋은 숲길이다. 대숲이 울창하다. 숲에서는 맑은 바람소리가 흘러나온다. 대숲을 지나면 다산초당이다. 다산이 정석丁石이라는 글자를 직접 새긴 정석바위와 차를 끓이던 약수인 약천, 연못 가운데 조그만 산처럼 쌓아놓은 연지석가산 등 다산사경과 다산이 시름을 달래던 장소에 세워진 천일각 이라는 정자가 있다.

사람들은 다산초당을 휘휘 돌아보고 다시 내려가지만 백련사까지 이어지는 오솔길은 놓치기 아까운 코스다. 600m는 오르막길, 200m는 내리막 길. 하지만 올라가는 길도 험하지 않아 이야기를 나누며 천천히 걸어도 30~40분이면 백련사에 닿는다.

오솔길의 풍광만으로도 산길을 올라온 값을 하지만, 이 길의 유래를 알면 감흥은 한층 더 깊어진다. 다산은 유배지인 강진에서 당대의 학승 혜장선 사와 교류를 나누었다. 혜장선사가 해남 대흥사의 말사인 백련사에 머물 때 다산은 그에게서 다도를 배우고 심취했다. 다산이 백련사의 혜장을 찾 아 담론을 벌이고 차를 마시기 위해 오갔던 길이 바로 이 오솔길이다. 아 마도 다산에게는 백련사와 이 오솔길이 있어 강진이 척박한 유배지만은 아니었으리라.

백련사는 7,000여 그루의 동백나무가 군락을 이루어 자생하는 곳. 천연기 념물 제151호로 지정되어 있다. 11월부터 동백꽃이 피기 시작해 4월 중순 에 만개한다. 4월말이 되면 떨어지기 시작해 바닥을 물들인다. 예로부터 동백꽃은 세 번 핀다고 한다. 나무에서 한 번, 땅에 떨어져서 한 번, 그리 고 당신의 마음 속에서 또 한 번.

TRAVEL NOTE
· 동백이 땅바닥에 낭자한 3~4월.
· 강진은 맛고장으로도 유명하다. 강진의 대표 음식은 한정식. 한 상 가득 음식이 차려져 나오는 수준을 넘어 접시가 2층, 3층으로 쌓인다. 민어찜, 조기탕, 바지락탕, 전어무침, 해삼, 개불, 광어, 게, 굴, 새우, 전복, 가오리찜, 홍어, 토하젓 등이 상에 오른다. 명동식당(061-434-2147), 시민운 동장 앞에 있는 청자골종가집(061-433-1100) 등이 유명하다. 대중적인 음식을 맛보고 싶다면 병 영면에 있는 설성식당(061-433-1282)으로 가볼 만하다. 돼지불고기백반으로 널리 알려진 집이 다. 돼지불고기를 비롯해 낙지 대침, 각종 나물, 젓갈 등이 나온다. 4명이 못 되더라도 4인상을 받아야 하고 값을 다 내야 한다. 2만원. 마량포구에서 활어회를 맛볼 수 있다. 서울보다 양도 무 집하고 싱싱하다.

고샅길 따라 걸으며 느끼는
풍류와 멋

풍남동과 교동 일대에 자리한 전주 한옥마을은 예향 전주의 멋과 풍류를 한껏 느낄 수 있는 곳이다. 한옥 사이로 난 고샅길을 거닐다 보면 마치 타임머신을 타고 과거로 돌아간 듯한 기분이 든다. 다양한 체험시설도 들어서 있어 이 골목 저 골목 기웃거리다 보면 하루가 짧다.

한옥마을의 유래는 1910년 일제 강점기로 거슬러 오른다. 전주 서문 근처에서 행상을 하던 일본인들이 중앙동 일대로 진출하고 상권을 차지하게 되자 이에 대한 반발로 한국인들이 교동과 풍남동 일대에 한옥을 짓고 살기 시작하면서 한옥마을이 만들어졌다.

여행의 시작은 경기전慶基殿이다. 조선왕조의 고향과 같은 이곳은 태조 이성계의 어진임금의 영정을 봉안한 곳으로 태종 10년1410년 창건되었다. 현재 경기전의 어진은 고종 9년1872년에 다시 그린 것이다.

경기전은 한강 이남에서 유일하게 궁궐식으로 지은 건물이기도 한데, 전주 이씨의 시조인 이한과 시조비, 경주김씨의 위패가 봉안된 조경묘와 예종대와 태실비 등이 있다. 경기전 정문 앞에는 하마비가 있는데 하마비에는 "지차개하마 잡인무득입至此皆下馬 雜人毋得入"라고 쓰여 있다. '이곳에 이르는 자는 계급의 높고 낮음, 신분의 귀천을 떠나 모두 말에서 내리고 잡인들은 출입을 금한다' 는 뜻이다.

경기전 뒤로는 교동아트센터와 최명희문학관이 나란히 자리하고 있다. 교동아트센터는 갤러리와 세미나실 등을 갖춘 2층짜리 아담한 건물로 각종 예술 관련 행사와 전시회를 열고 있다. 예술인들이 직접 들어와 작업을 할 수 있는 공간도 마련돼 있다.

최명희문학관은《혼불》로 널리 알려진 소설가 최명희1947~1998를 기념하는 곳. 그의 육필 원고를 비롯해 작가의 다양한 유품을 전시하고 있어 1년 내내 문학도들의 발길이 끊이지 않는다.

옹기종기 처마를 맞댄 한옥마을을 한눈에 보고 싶다면 오목대에 올라보자. 전주공예품전시관 맞은편으로 난 나무계단을 따라 10여 분 오르면 된다. 이성계가 고려말 우왕 6년1380년 남원 황산에서 왜적을 무찌르고 돌아가던 중 자신의 조상인 목조가 살았던 이곳에 들러 종친들을 모아 잔치를 벌였던 곳이다. 이곳에서 이성계는 한나라 유방의 시를 읊으며 나라를 세우겠다는 속내를 내비쳤다고 한다.

경기전 맞은편에 전주의 가장 대표적인 문화재인 풍남문이 있다. 고려 공양왕 때인 1389년 처음 창건되었는데 당시 전주부성을 쌓으면서 4대문 가운데 하나로 만들어졌다. 남쪽에 위치해 있으며 남대문과 같은 형태적 특징을 보인다. 1905년에 동, 서, 북문은 철거되고 남문만이 남아 오늘에 이르고 있다. 풍남문은 선조 30년1597년 모두 불타버렸는데 현재의 모습은 1978년에 복원한 것이다. 보물 제308호다.

한옥마을은 휘휘 돌아보면 1시간도 채 되지 않는다. 하지만 되도록 오래 머물러 있을 볼 것을 권해드린다. 최근 들어 분위기 좋은 찻집과 카페도 많이 생겼다. 햇빛이 잘 드는 창가에 앉아 차도 마시고 이집저집 기웃거려 보시길. 아침부터 저녁 무렵까지 한옥마을을 어슬렁거려 보시길. 여행의 가장 좋은 방법 가운데 하나는 어슬렁대기니까. 그러다보면 지금까지 보지 못했던 것들이 보이니까.

TRAVEL NOTE

· 따뜻한 봄볕이 내리는 4월

· 한옥마을에는 전통문화를 체험할 수 있는 시설이 많다. 전주전통술박물관은 호남 유일의 전통술 전문박물관으로 향토주를 마셔보고 살 수 있는 곳이다. 술박물관과 가까운 곳에 자리한 한옥생활체험관(063-287-6300)은 양반집에 하룻밤 머물며 공예와 다례 등 전통생활 체험을 할 수 있는 곳이다. 이 외에도 마지막 황손 이석이 살고 있는 승광재(063-283-0071)를 비롯해 동락원(063-287-2040) 아세헌(063-287-1677) 등에서 한옥체험을 할 수 있다. 한옥마을이 초행이라면 경기전 앞이나 한국전통공예전시관 앞에 있는 관광안내소에 들러 한옥마을안내지도를 받아두는 것이 좋을 듯 하다.

그녀와 함께, 7월의 산책

| 양평 세미원

경기도 양평 두물머리 옆에 세미원이라는 곳이 있다. 잘 꾸며진 정원이다. 면적은 약 면적 18만㎡. 6개의 커다란 연못과 걷기 좋은 산책로가 있다. 세미원이 가장 아름다울 때는 여름이다. 연꽃이 연못 가득 환하게 필 때다.

세미원이라는 이름은 《장자》에 나오는 '관수세심 관화미심觀水洗心 觀花美心에서 따왔다. 물을 보면 마음을 씻고, 꽃을 보면 마음을 아름답게 한다는 뜻이다.

정문 격인 불이문을 지나면 울창한 숲 사이로 흐르는 시냇물이 나온다. 시냇물 가운데로 돌다리가 깔려 있는데 인공으로 조성해 놓은 것 같지 않게 운치 있다. 졸졸졸 시냇물 흐르는 소리에 귓전이 시원하다.

시냇물을 건너면 한반도 모양의 공원이 있는데, 고산식물과 무궁화 등을 심어놓았다. 그리고 수많은 항아리로 장식된 분수가 눈길을 끈다. 새벽마다 장독대에 정화수를 떠놓고 가족을 위해 비는 어머니를 형상화한 것이라고 한다.

항아리분수를 지나면 커다란 연못이 펼쳐진다. 이 연못에는 백련, 홍련, 가시연, 수련 등 100여 종의 연꽃이 가득하다. 가는잎네갈퀴, 생이가래 등 400종의 수생식물도 자란다.

연못 주위로 산책로가 잘 닦여져 있다. 천천히 걸어도 1시간이 채 걸리지 않는다. 따가운 햇빛을 피할 수 있는 나무 그늘도 있고 정자도 있다. 데이트 코스로도 소문이 난 모양인지 손을 잡고 걷는 연인들이 많다.

새벽녘 찾아보길 권한다. 두물머리에서 아득하게 피어 오른 안개가 세미
원까지 밀려든다. 그리고 안개 속에서 꽃봉우리가 서서히 열린다. 이런 풍
경 앞에서는 마음이 아름다워지지 않을 수 없다.

· 7월 연꽃이 만발할 무렵.
· 세미원을 나와 체육공원 앞을 지나 다리를 건너면 왼쪽 물길을 따라 산책로가 나온다. 20분쯤
걸으면 두물머리다. 400년간 두 물줄기가 만나는 모습을 지켜본 거대한 느티나무가 두물머리의
운치를 더해 준다.

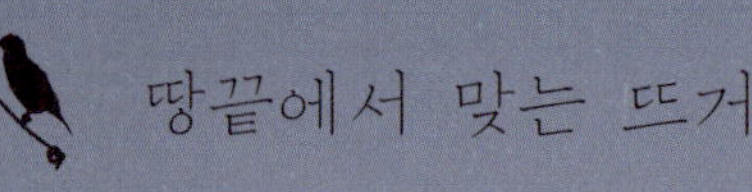

땅끝에서 맞는 뜨거운 일출

해남 땅끝마을

땅끝에서 맞는 뜨거운 일출

해남 땅끝마을

목포에서 금호방조제와 영암방조제를 넘으면 해남이다. 해남의 첫인상은 따스하다. 밥공기를 엎어 놓은 듯 야트막한 산과 들이 펼쳐진다. 그 산과 들은 온통 배추밭 천지다. 해남은 국내 최대의 겨울배추 산지. 겨울배추의 70%가 해남에서 난다. 보통 1월부터 출하해 3월말까지 이어진다. 붉은 황토밭에서 배추를 수확하는 풍경이 너무 평화롭게만 보인다.

해남에 온 이들은 모두 땅끝으로 향한다. 북위 34도 17분 38초. 섬을 제외한 한반도 땅덩어리의 가장 남쪽에 위치한 곳이다.

땅끝마을에는 횃불 모양의 땅끝 전망대가 불쑥 솟아 있다. 전망대에 서면 진도가 손에 잡힐 듯 가까워보인다. 흑일도, 노화도, 보길도 등 크고 작은 섬들이 점점이 떠 있다. 전망대 아래인 땅끝 토말비까지, 벼랑을 따라 걷기 좋은 산책로도 조성되어 있다. 땅끝은 일출과 일몰을 모두 볼 수 있는 곳이기도 하다.

땅끝마을은 송지면 갈두리를 말한다. 땅끝이 내려다보이는 전망대에 서면 한 폭의 풍경화가 펼쳐진다. 오목하게 자리한 땅끝마을 앞쪽으로 유람선이 정박해 있고, 넓은 전복 양식장은 바다에 펼쳐놓은 바둑판 같다. 그리고 망망대해에는 작은 섬들이 징검다리처럼 띄엄띄엄 자리하고 있다. 섬들 사이 바다로는 유람선들이 하얀 물결을 일으키며 지나는 풍경도 볼 수 있다.

땅끝 여행의 백미는 일출이다. 이 땅의 끝에서 맞는 해돋이는 색다른 감흥을 선사한다. 바다를 집어삼킬 듯 이글거리며 떠오르는 붉은 햇덩이가 감동적이다.

해남에서 시를 썼던 김지하 시인은 땅끝마을의 일출을 '혼자 서서 부르는 / 불러 내 속에서 차츰 크게 열리어 / 저 바다만큼 저 하늘만큼 열리다 이내 작은 한덩이 검은 돌에 빛나는 한오리 햇빛'이라고 노래한 적이 있다.

전국에서 몰려오는 여행객으로 북적대는 땅끝마을을 피해 조용히 일출을 맞고 싶다면 해남의 동북쪽 모퉁이 북일면으로 향하자. 면사무소에서 내동리로 향하다 보면 길은 내동과 원동으로 나뉜다. 어느 쪽을 택하든 일출을 감상하는 데 부족함이 없다. 선창에 서면 몰섬, 내도, 복도 등 크고 작은 섬이 검은 그림자를 드리운 잔잔한 바다 사이로 힘차게 솟아오르는 태양과 만날 수 있다.

다른 별의 풍경

지루한 마감을 끝냈을 때나, 사는 게 이게 아닌데 하는 생각이 불현듯 들 때면 찾는 곳이 오름이다. 이 땅에서 벗어나 어디론가 먼 먼 곳으로 훨훨 떠나고 싶지만 사정이 여의치 않을 때 찾아가는 곳 역시 오름, 그 중에서도 다랑쉬오름이다.

처음 다랑쉬오름에 올랐을 때를 잊지 못한다. 제주에 흩어져 있는 360여 개의 오름 가운데 가장 아름답다는 오름이다. 여기 저기 움푹움푹 패여 있는 거대한 분화구들과 그 분화구들 너머로 펼쳐지는 푸른 빛깔의 바다, 세차게 돌아가는 거대한 풍력발전기와 검은 돌담 속에 들어선 초록의 당근밭. 다랑쉬오름에서 바라보는 제주의 풍광은 낯설고 신산했고 또 새롭다. 지구가 아닌 다른 행성의 풍경 속에 서 있는 것 같은 느낌을 받는다.

TRAVEL NOTE
· 능선이 푸릇해지는 5월이 좋다. 이때가 세일 덜 붐빈다.
· 오름은 북제주군 구좌읍 종달리, 송당리 일대에 모여 있다. 16번 도로와 1112번 도로가 만나는 구좌읍 송당 4거리가 오름관광 기점이다. 다랑쉬오름은 주차장~화구륜~분화구~화구륜 일주~주차장 코스로 걷는다. 소요시간은 주차장에서 화구륜까지 20~30분, 분화구 바닥까지 내려갔다 올라오는 데 30분, 화구륜을 한 바퀴 도는 데 30분, 화구륜에서 주차장까지 20분 정도로 잡으면 된다. 한 바퀴 돌아본다 해도 총 2시간 정도면 여유가 있다.

끝없이 이어지는 수평선,
파도 그리고 등대
강릉 주문진항

수은주가 빙점 아래로 뚝 떨어지고 겨울바람이 옷깃 사이로 사정없이 파고들 때쯤이면 겨울바다가 떠오른다. 시끌벅적한 포구가 괜히 그립고 세찬 파도가 보고 싶다. 겨울바다에 가면 뭔가 새로운 활력이 몸 속 가득 차오를 것만 같다. 주문진항은 이런 맘이 들 때 찾아볼 만한 곳이다.

주문진은 늘 시끌벅적하다. 피서철이나 단풍철엔 관광객들로 북적이고, 비수기엔 새벽 어시장을 찾는 강릉사람들로 붐빈다. 거친 바람과 파도를 가르고 들어오는 고깃배, 눈에 불을 켜고 펄떡거리는 생선을 고르는 경매인, 고무바지를 입고 생선을 다듬는 아낙네, 관광객을 불러 세우는 어물전 주인들… 주문진 포구에 들어서면 활기가 느껴진다.

주문진은 동해안에서 가장 큰 항구 중 하나다. 어선만 250여 척으로 동해안의 어업전진기지다. 보통 마을이 먼저 생기고 항구가 나중에 들어서게 마련이지만 주문진은 항구부터 생겼다. 1920년대 부산에서 북한의 원산을 잇는 동해 뱃길의 중간 기착지로 주문진항을 개발하기 시작했다. 물이 좋고, 어장이 풍부한데다 강릉과 가까운 주문진은 동해안에서 북적거리는 어항으로 성장했다. 70년대엔 명태가 부두에 수북이 쌓일 정도로 잡혔고 한치, 고등어, 광어 등 안 나오는 물고기가 없었다고 한다. 찬바람이 불면 양미리, 도루묵, 심퉁이 등도 나온다.

주문진에는 유독 오징어가 많다. 주문진항이 오징어배의 집산지이기 때문이다. "오징어잡이 배가 주문항으로 다 들어온다고 보면 맞아요. 여기서 경매를 붙이고 강릉 대포항이나 고성 등 인근 포구로 팔려나가지. 그러니까 가장 싱싱한 오징어를 맛보려면 주문진항으로 오면 되요." 어시장 상인의 말이다.

주문진항 어판장에는 "오징어 스무 마리 만원"하는 아줌마들의 외침이 이곳 저곳에서 흘러나온다. 오징어를 사면 즉석에서 오징어 회를 떠 냉동 포장해 주기도 하는데, 오징어 회를 뜨는 데 드는 비용은 30마리에 1만원 선이다.

주문진은 세상사에 지쳤을 때, 회사에 출근하는 일이 정말이지 지긋지긋할 때 한번쯤 찾아보시길. 새벽 네 시의 포구에 나가보시길. 귀를 베어갈 것처럼 차가운 겨울바람 속에서 그물을 손질하고 수평선을 향해 배를 몰아가는 어부들의 모습을 보고 있노라면 가슴 속에서 부글거리던 불평과 불만이 깨끗이 사라진다.

소슬한 가을바람이 무량수전
풍경을 흔들고 지날 무렵

| 영주 부석사

부석사는 국내에서 가장 아름다운 건축물 중 하나라는 배흘림기둥의 무량수전이 있는 곳. 1,500여 년 전 의상이 화엄사상의 깃발을 걸고 중창했다. 긴 설명이 필요 없는 곳이다. 부석사는 가을에 가실 것. 매표소에서부터 일주문을 지나 천왕문까지 은행나무가 노란 터널을 이룰 무렵 가실 것.

일주문을 지나 천왕문에 이르는 은행나무 길을 걸으면 자연스레 욕심에서 멀어짐을 느낀다. 아침 안개가 끼었을 땐 더욱 그렇다. 길은 1km 정도 뻗었다. 일직선이 아닌 S자 형태의 굽이길이다. 절을 찾는 사람이 급히 걷지 못하게 하기 위해서다. 절이 들어선 모양도 그렇다. 천왕문, 안양루, 무량수전으로 이어지는 길도 곡선이다.

숲길을 지나 경내로 들어선다. 단아한 동·서 삼층석탑을 뒤로하고, 안양루에 서면 소백산 능선이 한눈에 들어온다. 무량수전 뒤편에는 부석사 유래를 간직한 부석浮石이 있다. 이 부석에 스민 전설이 애틋하다. 부석사를 세운 의상을 사모한 선묘낭자가 몸을 던져 바다의 용이 돼 의상의 뱃길을 지켰다고 한다. 도적의 무리가 사찰창건을 훼방 놓을 때 거대한 바윗돌을 띄워 도적을 물리쳤다. 부석이란 이름은 여기서 유래했다.

해질 무렵, 백두대간을 넘어온 장엄한 노을이 절집 안마당에 내려앉을 무렵, 소슬한 가을바람이 무량수전 풍경을 흔들고 지날 무렵, 황금빛 노을이 무량수전 배흘림기둥을 비출 무렵, 법고가 울리고 목어가 울리고 운판이 울릴 무렵…

그 무렵이면 부석사를 찾은 모든 이들이 아무 말 없이 합장.

· 10월말 은행잎이 노랗게 물들 무렵.

· 소백산 자락에 자리한 고을이다 보니 묵밥이 먹을 만하다. 순흥 전통 묵집(054-634-4614)이 유명한데, 주인 청옥분 할머니가 20년째 옛 방식 그대로 만들어낸다. 묵밥을 주문하면 노란 좁 쌀이 일일이 박혀 있는 조밥 한 그릇과 묵사발, 깍두기와 김치가 나온다. 멸치 다신 국물에 잘게 썬 김치와 무생채, 구운 김, 파, 고추, 참기름과 깨소금을 뿌려 먹는 그 맛이 구수하면서도 매콤 하고 또 담백하다.

선경에 발 담그고 세상을 잊다
| 동해 무릉계곡

귓속으로 파고드는 물소리를 듣다 기어이 신발을 벗고 물속으로 들어간다. 발을 담근 채 바람이 나뭇잎을 쓸고 가는 소리를 듣는다. 비 내린 뒤, 말끔하게 씻긴 하늘에서 내려온 햇살이 나뭇잎을 뚫고 부챗살처럼 퍼진다. 물살에 어룽대는 햇빛들. 발가락 사이를 빠져나가는 물의 감촉이 좋다.

강원도 동해시 무릉계곡. 청옥산1,404m과 두타산1,353m 자락에 있다. 기묘한 바위들이 계곡을 이루며 흘러내리고, 그 계곡에 폭포와 크고 작은 소들이 수없이 놓인 바위골짜기다. 그 모습이 오죽 아름다웠으면 '무릉'이라고 이름 붙였을까.

조선 선조 때 삼척부사를 지낸 김효원은 무릉계곡을 품은 두타산을 주유하고 "하늘 아래 산수로 이름 있는 나라는 해동조선과 같음이 없고, 해동에서도 산수로 이름 난 고을은 영동 같음이 없다. 영동에서도 명승지는 금강산이 제일이고 그 다음이 두타산이다"고 기록했다.

계곡 초입에 무릉반석이 있다. 300~400명은 넉넉히 앉을 수 있을 정도로 넓다. 그 넓이가 1,500여 평에 달한다. 옛 시인묵객들이 이 바위에서 술을 마시고 시를 읊었다. 흥에 겨워 이름을 써놓은 이들도 있었다.

바위를 지나면 삼화사다. 신라 때 창건한 절이다. 본디 매표소 부근에 있었는데, 1977년 쌍용양회 공장이 들어서면서 지금의 위치로 옮겼다. 신라시대 삼층석탑과 철조 노사나불좌상 등 보물이 있다.

삼화사를 지나면서 본격적인 숲길이 시작된다. 평탄한 길이다. 오르막과

내리막이 심하지 않아 그다지 큰 힘을 들이지 않고 걸을 수 있다. 약 20분 더 오르면 학소대와 만난다. 거대한 암반이 벼루를 세워놓은 듯 떡 하니 버티고 서 있다. 이 암반 틈으로 흰 물줄기가 지그재그로 내려온다. 학소대란 물줄기가 내려오는 모습이 마치 학의 모습과 같다고 해서 붙은 이름이다.

학소대에서 잠시 멈췄던 걸음은 계속 숲길을 따른다. 얼마 지나지 않아 우렁찬 물소리가 들린다. 철제 계단을 올라서면 만나는 절경. 무릉계곡의 자랑인 쌍폭이다. 두 개의 폭포가 한 소에서 만난다. 쌍폭 위쪽에 위치한 용추폭포에서 떨어진 물과 두타산 박달골에서 내려오는 물이 합쳐지는 곳이다. 소 주위에는 뽀얀 물보라가 안개처럼 일어난다. 왼쪽 폭포는 계단처럼 층층진 바위를 타고 물이 흘러내리고 오른쪽 폭포는 한번에 급전직하. 왜 무릉계곡인지 고개가 끄덕여진다.

무릉계곡의 또 다른 절경은 용추폭포다. 쌍폭에서 2~3분 거리다. 오목한 바위에서 터져나오는 물줄기가 소를 향해 주저없이 떨어져 내린다. 용추폭포가 얼마나 장관이었는지 삼척부사 유한전은 폭포 하단 절벽에 '용추龍湫'라는 글을 새겼다. 폭포 아래에는 〈별유천지〉別有天地라는 글귀도 또렷이 남아 있다. 고려시대 학자 이승휴가 은거하면서 《제왕운기》를 엮고, 영화감독 배용균이 영화 〈달마가 동쪽으로 간 까닭은〉의 촬영지로 무릉계곡을 택한 것은 결코 우연이 아니리라.

📷 TRAVEL NOTE
· 7~8월 무더위가 한창일 때 찾아야 무릉계곡의 진수를 제대로 느낄 수 있다.
· 동해시내에서 무릉계곡까지 버스가 수시로 다닌다. 약 30분 정도 걸린다. 무릉계곡 입구에 식당이 많다. 산꾼들은 반석상회(033-534-8382)를 많이 찾는다. 산채비빔밥과 더덕구이가 맛있다.

그녀와 함께 데이트하기 좋은 곳

048

잣나무 숲이 울창한 축령산 자락에 삼육대학교 원예학과 한상경 교수가
조성한 원예수목원이다.

10만여 평에 달하는 부지에 고향집정원, 허브정원, 능수정원, 분재정원,
야생화정원, 에덴정원, 석정원, 정원나라, 하경정원, 약속의정원(숙근정
원), 한국정원, 하늘정원, 침엽수정원 등 특색 있는 정원이 꾸며져 있다.
CNN의 여행 사이트인 'CNN Go'가 뽑은 '한국에서 가봐야 할 아름다운
50곳 50 beautiful places to visit in Korea에 선정되기도 했다.

아침고요수목원의 특징은 수목원 내에 곧게 뻗은 길이 없다는 것. 좌우로
굽어있거나 오르락내리락 언덕길이어서 때로는 정원이 내려다 보이기도
하고, 때로는 올려다 보이기도 한다. 넓지 않은 공간이지만 서 있는 위치
에 따라 수목원은 다양한 표정을 짓는다.

느릿느릿 맑은 공기를 즐기며 걷다 보면 어느새 몸과 마음이 상쾌해지는
것 같다.

마음마저 초록으로 물드는
대숲 산책

| 사천 비봉내마을

마음마저 초록으로 물드는
대숲 산책

경남 사천에 자리한 비봉내마을. 한나절 기분 좋은 산책을 경험하게 해주
는, 아담한 크기의 대숲이 있는 곳이다. 평범한 마을 뒷산이었지만 대나무
를 심으면서 전국적인 명소로 재탄생했다. 마을 입구에 대나무 산림욕장
이 들어서 있다.

산림욕장으로 들어선 방문객을 먼저 반기는 것은 대숲소리다.
쏴아아아, 쏴아아아…….
바람이 대숲을 쓰다듬고 가는 소리는 파도소리 같기도 하고 쌀알이 쓸리
는 소리 같기도 하다. 눈을 감고 그 소리에 가만히 귀를 내주고 있자니 머
리 한켠이 싱그러워지는 것만 같다.

소리에 이끌려 대숲을 향해 걸음을 옮기다 보면 수십 개의 장독대가 옹기
종기 모여 있는 것이 보인다. 마을에서 직접 담근 장류들이 그 속에서 조
용히 숙성되고 있다. 장독대 앞으로는 백일홍이 흐드러졌고 참나리꽃이
피었다. 앵초 무더기도 장독대 아래 오글거리며 피어 있다.

장독대를 지나면 대숲이 시작된다. 대나무 숲 속으로 들어서자 밖에서 보
던 것과는 전혀 다른 풍경이 펼쳐진다. 20m 높이의 굵은 대나무들이 빽빽
하게 들어서 있다. 대나무의 굵기도 만만찮다. 어른이 두 손을 벌려 감싸
기 쉽지 않을 만큼 굵다.

대숲에 들어서는 순간, 죽향竹香이 코끝을 자극한다. 심호흡을 하면 싱그러
운 대나무향이 폐 속 깊이 스며든다. 온몸이 연록색으로 물들 것만 같은
상쾌함이다.

잘 정비된 산책로를 따라 천천히 걸음을 옮긴다. 푹신푹신한 바닥을 밟는 느낌이 좋다. 대나무 사이로 불어오는 선선한 죽풍이 이마를 간지럽힌다. 대나무숲을 걸으며 잠시 철학자가 되어본다. 산책만큼 사색을 깊게 해주는 것이 없다. 우리가 성찰을 하고, 반성을 하고, 모색을 하고, 설계를 하는 가장 좋은 방법은 산책이다. 철학자 루소는 '나의 생각은 나의 다리와 함께 작동한다'라고까지 하지 않았던가. 키에르 케고르 역시 '걸으면서 가장 많은 생각을 하게 됐다'고 했다. 걷기와 산책은 단순히 몸을 위한 운동이 아니라 마음을 열어주고 생각을 깨쳐주는 사색의 한 방법이다.

숲 속은 한낮인데도 어둑어둑하다. 바람이 불 때마다 대숲은 몸을 뒤챈다. 바람이 그치면 다시 잠잠해진다. 길은 험하지도 않고 높지도 않다. 대숲 사이로 지줄지줄 이어진다. 딱따구리가 대나무를 쪼아대는 소리, 바스락거리는 풀벌레 소리도 듣기 좋다. 대숲을 지나온 휘황한 햇살이 사금파리처럼 발등에 내려앉는다. 햇살에 발이 걸려 걸음은 잠시 멈칫거린다.

이렇게 걸으며 잡다한 생각을 잠시나마 지운다. 온 몸의 숨구멍을 열어놓고, 지근지근 길을 밟다 보면 한 순간이나마 돈 생각, 집 생각, 공부 생각이 머릿속에서 사라진다. 그러고 보니 프랑스의 철학자 다비드 드 브르통은 《걷기예찬》에서 걷기를 '삶의 불안과 고뇌를 치료하는 약'이라고 했던 것 같다.

퇴계가 반했던 풍경

봉화 청량산 청량사

올망졸망한 산들이 모여 있는 경북 봉화땅에 청량산이 있다. 밖에서 보기에는 평범한 산. 800m가 겨우 넘는 높이지만 속으로 들어갈수록 가팔라지고 험해진다.

청량산에는 청량사라는 꽤 괜찮은 사찰이 숨어 있다. 원효대사가 창건한 고찰이다. 신라명필 김생이 글공부를 했다는 김생굴, 홍건적의 난을 피해 머물던 공민왕의 유적, 퇴계선생이 글을 배웠던 오산당 등 '자연'과 '역사'가 절묘하게 어울려 있는 절이기도 하다.

청량사는 비죽비죽 솟은 거대한 열 두 암봉 한가운데 깃들어 있다. 청량사를 중심으로 청량산 육육봉 12개의 큰 봉우리이 병풍처럼 펼쳐져 있다. 보살봉을 중심으로 동으로 금탑봉, 탁필봉이 있고 서쪽으로 옥소봉, 문수봉, 반야봉, 의상봉, 연화봉이 있다.

유리보전에는 약사여래상이 모셔져 있다. 아픈 사람을 치유한다는 부처. 국내에 하나뿐인 종이를 녹여 만든 지불紙佛이다. 금박을 입혀 겉모습만으로는 종이부처인지 눈치 채지 못한다. 유리보전 현판은 고려 공민왕의 친필이다.

절 오른쪽으로 난 오솔길을 걸어 20분을 가면 응진전이다. 응진전 가기 전에 전망대 격인 '어풍대'가 있다. 육육봉에 포근하게 깃든 청량사가 한눈에 보인다. 퇴계는 이 풍경에 반해 〈청량산가〉를 지었고 이렇게 노래했다.

보슬비가 내리는 날, 어풍대에 오르면 청량산에 자욱하게 내려앉은 안개를 볼 수 있다. 낙동강에서 슬금슬금 올라온 안개가 산을 감싼다. 선경이 따로 없다.

청량사 입구에 있는 '바람이 소리를 만나면'은 차 한 잔 마시기 좋은 곳이다. 커다란 통유리를 통해 청량산 산세가 훤히 내려다보인다.

청량산에 자욱한 안개를 바라보며 찻잔을 기울인다. 바람이 잠시 풍경을 흔들고 간다. 이 순간 만큼은 복잡한 도시의 일들은 잠시 묻어둔다.

TRAVEL NOTE

· 가을 초입, 낙동강이 실어 나르는 바람이 오슬오슬 솜털을 세울 무렵.

· 봉화는 숯불돼지구이로 유명하다. 암돼지고기를 솔잎 위에 얹은 뒤 소나무숯으로 구워낸다. 오
시오식당(054-672-9012), 두리봉식육식당(054-673-9037) 등이 유명하다.

가져가고 싶은 골목

충북 청주시 수동 수암골목 1번지는 일명 '수암골'로 불린다. 우암산 서쪽 자락에 자리잡은 달동네다.

수암골은 드라마 〈카인과 아벨〉 촬영지로도 널리 알려져 있다. 극중 초인 소지섭 분과 영지한지민 분가 새로운 생활을 시작하는 터전으로, 애틋한 사랑이 싹튼 곳으로 소개됐다. 〈제빵왕 김탁구〉에서 팔봉빵집이 있던 곳이기도 하다. 청주의 대표적인 달동네였지만 2007년, 공공미술 프로젝트 사업이 진행되면서 산뜻한 벽화 골목으로 재탄생했다.

수암골은 작아서 느긋하게 돌아보아도 20~30분이면 충분하다. 마을을 돌아보기 전, 입구에 그려진 지도를 참조하면 된다. 골목길을 올라가면 벽화를 하나 둘 만날 수 있다. 연꽃이 그려진 벽, 익살스런 호랑이가 그려진 벽, 암탉이 병아리를 데리고 가는 그림이 그려진 담장도 있다. 아이들이 해맑게 웃고 있고, 시원한 바다가 그려진 담장, 발레리나가 그려진 벽도 있다. 꽃잎이 새겨진 계단은 통째로 들어내 가고 싶을 생각이 들게 할 만큼 예쁘다.

전망도 참 좋다. 골목을 따라 올라가면 청주 시가지가 한 눈에 들어온다.

TRAVEL NOTE
· 신록이 점점 깊어지는 5월.
· 수암골은 북청주정류장(청주대학교)에서 10분 거리. 우암초등학교를 찾아가면 된다. 초등학교 주변에 수암골 가는 길이라는 이정표가 있다. 마을 한 켠에 빈집을 시진전시관으로 꾸민 '수암골 사진관'이 있다. 수암골의 옛 모습을 전시해 놓았다.

괜히 하루를 낭비하고 싶을 때

괜히 하루를 낭비하고 싶을 때

인천 차이나타운은 당일치기 여행코스로 손색이 없다. 중국풍으로 꾸며진 거리를 걷고 짜장면과 만두를 맛보며 거리 이곳 저곳을 구경하다 보면 시간 가는 줄 모른다. 차이나타운에서 신포시장으로 가는 길에는 일본식 집들도 많아 근사한 사진도 만들 수 있을 뿐만 아니라 우리의 근대사의 흔적도 찾을 수 있다.

인천역에서 내려 출구를 빠져나오면 가장 먼저 눈에 들어오는 것이 '패루'다. 패루는 중국에서 큰 거리를 가로질러 세워진 시설물이나 공원 어귀에 만든 문이다. 패루를 지나면 본격적으로 차이나타운에 접어든다. 온통 붉은색 일색이다. 수십 개의 중국음식점과 상점, 관운장을 모시는 의선당, 중국풍으로 꾸며진 주민센터 등 거리 곳곳이 중국을 옮겨놓은 듯하다.

커다란 용장식물이 있는 북성동 주민센터를 지나면 '공화춘' 건물이 나온다. 한국식 짜장면의 발상지로 알려져 있는 곳이다. 1905년 지어진 2층짜리 목⽇자형 구조물로 전형적인 청나라 양식을 따랐다. 화교 출신 우희광이 1911년 이곳에서 중국 음식점을 개업해 유명해졌다. 중화민국 수립을 기념해 '공화국의 봄'이라는 뜻의 공화춘共和春이라 했다고 한다.

짜장면이 처음 태어난 것은 인천 개항 후 산둥지방의 중국인들이 대거 몰려와 청요리집들이 생겨나면서부터 라고 한다. 청요리가 인기를 끌자 누군가가 부두 노동자들을 위한 싸고 손쉬운 음식을 생각하게 되었는데, 산둥지방에서 즐겨먹던 춘장으로 짜장소스를 만들어 국수를 비벼먹게 만든 것이 짜장면의 탄생이라는 설이 있다.

공화춘에서 '삼국지 벽화거리'가 가깝다. 삼국지의 명장면 160개를 벽화로 그려놨다. 벽화는 삼국지의 역사적 사실을 고사성어와 그림으로 잘 표현하고 있어 길을 걷다 보면 삼국지 이야기가 새록새록 떠오른다.

벽화거리를 지나 언덕을 오르면 자유공원이다. 개항 당시만 해도 '각국공원'으로 불리며 '존스턴 별장'을 비롯한 외국인 사택과 공장 등이 들어서 있었지만 1950년 한국전쟁 당시 폭격으로 초토화되면서 대부분 소실됐다. 현재는 인천상륙작전의 시발이 된 월미도를 바라보는 맥아더장군의 동상과 한미 수교 100주년 기념탑 등이 남아 있다. 뱃머리 모양의 전망대에 오르면 가깝게는 인천항, 멀게는 인천대교까지 내려다 보인다.

인천에는 개항장으로서의 인천의 모습이 아직도 남아 있다. 제물포는 1883년 개항했는데 서구 열강과 일본, 중국 등 외세는 인천에서 그들에게 익숙한 건물을 지으며 조선을 넘봤다. 외세는 오래 전 떠났지만 건물은 남았다. 100여 년 전 국내 초기 서양식으로 지어진 일본은행, 답동성당, 인천우체국, 제물포구락부 등이 지금은 색다른 건축미를 자랑한다. 신포동 거리를 비롯해 차이나타운, 자유공원 일대에는 근대 개항기의 인천을 느낄 수 있는 근대건축물이 곳곳에 있다.

차이나타운은 왠지 쓸쓸할 때 찾곤 한다. 덜컹거리는 지하철을 타고 가서 괜히 차이나타운을 쏘다니다 짜장면을 먹고 월미도에서 바다를 바라보다 돌아온다. 그러면 하루해가 다 간다. 때로는 그렇게 괜히 하루를 낭비하고 싶을 때가 있는데, 짜장면을 비비며 내 인생에 이런 툴툴거리는 하루도 있어야지 하는 마음으로 스스로를 위로하곤 한다.

TRAVEL NOTE

· 언제 찾아도 좋은 곳.

· 경인선철 종점인 인천역에서 내리면 바로 앞에 차이나타운이 보인다. 주차공간이 원활하지 않기 때문에 경인선을 타고 인천역에 내리거나 버스 등 대중교통수단을 이용하는 것이 좋다. 차이나타운에 짜장면을 파는 중국집이 늘어서 있다. 집집마다 다른 맛을 낸다. '자금성'(032-761-1088)은 '1박2일'에서 은지원이 맛보았던 사천짜장을 판다. 방송이후 사천짜장을 주문하는 고객이 급증하면서 열 명 가운데 예닐곱은 사천짜장면을 주문한다고. 짜장면을 선보인 최초의 중국 요리집으로 유명한 공화춘(032-765-0571)은 4층 건물의 대형 중국집으로 한국인 대표가 운영하는 곳이다. 공화춘의 이름을 건 대표메뉴인 공화춘짜장면은 춘장에 중하, 전복, 갑오징어 등 해산물과 채소가 무심하게 들어있어 먹음직스럽다. 원보(032-773-7888)는 어른 주먹만한 왕만두로 유명하다.

눈물이 나면 걸어서라도

순천 조계산 자락에는 선암사와 송광사라는 두 절이 있다.

선암사는 백제 성왕 때인 529년, 아도화상이 세운 고찰로 태고종의 본산
이다. 매표소에서 절까지 이어지는 숲길이 좋다. 우리나라에서 가장 아름
다운 산길로 익히 알려진 곳으로, 특히 단풍이 들 무렵이면 선경을 보여준
다. 이팝나무, 서어나무, 굴참나무, 팽나무, 조팝나무, 산딸나무, 느티나무
가 우거진 길을 천천히 걷다 보면 몸과 마음이 깨끗하게 씻기는 기분이다.
길을 걷다 보면 아치형의 돌다리 승선교와 만난다. '선녀들이 승천한다'
는 뜻이다. 가을날, 단풍과 어우러진 승선교의 풍경은 가히 절경이다.

어떤 이는 선암사가 가장 아름다울 때는 봄이라고 한다. 매화에 산수유
며 영산홍, 자산홍, 동백, 벚꽃이 흐드러지게 피는 봄철이면 정신이 아득
할 정도로 아름답다고 한다. 아쉽게도 아직 선암사의 봄날은 가보지 못했
지만 그 아름다움은 이미 본 듯 눈에 선연하게 그려진다. 하기야 선암사는
한 번 가보고 다 봤다는 듯 다시는 가보지 않을 절이 아니지 않은가.

선암사 반대편 조계산 자락에는 송광사가 자리한다. 양산 통도사, 합천 해
인사와 더불어 삼보사찰三寶寺刹로 꼽히는 명찰로, 국사 16명을 배출했다.
영정을 봉안하는 국사전과 목조삼존불감, 고려고종제서 등 국보 3점과 하
사당, 영산전 등 보물 16점 등 국가문화재 21점이 있다.

군이 이 두 절을 함께 소개하는 이유는 굴목이재라 불리는 숲길을 통해
이 두 사찰이 이어지기 때문. 숲길의 거리는 약 6.5km. 부지런한 걸음으
로 3시간이면 걸어볼 수 있다. 산길은 편백나무, 상수리나무, 굴참나무 등

이 터널을 이루고 있는데다 푹신한 흙길이라 트레킹을 즐기기에 좋다. 여건이 된다면 꼭 한 번 걸어보시라고 권해 드린다. 참고로 선암사쪽에서 오르는 것이 편하다.

아참, 선암사 '뒷간'은 놓치지 말기를. 뒷간 가운데 우리나라에서 유일하게 문화재로 지정된 곳이다. 입구에는 버젓하게 현판까지 걸려 있다. 정호승 시인은 이런 시를 쓰기도 했다.

눈물이 나면 기차를 타고 선암사로 가라 / 선암사 해우소에 가서 실컷 울어라 / 해우소에 쪼그리고 앉아 울고 있으면 / 죽은 소나무 뿌리가 기어다니고 / 목어가 푸른 하늘을 날아다닌다 / 풀잎들이 손수건을 꺼내 눈물을 닦아주고 / 새들이 가슴속으로 날아와 종소리를 울린다 / 눈물이 나면 걸어서라도 선암사로 가라 / 선암사 해우소 앞 / 등 굽은 소나무에 기대어 통곡하라

—〈선암사〉

TRAVEL NOTE
· 봄철 꽃 필 때와 가을 단풍 들 무렵. ·
· 굴목이재 고갯 마루에는 조계산 명물인 조계산보리밥집(061-754-3756)이 있다. 30년 전부터 터를 잡고 있다. 평상에 앉아 보리밥에 갖가지 나물을 비벼 먹는다. 얼음처럼 차가운 동동주 한 잔 걸들이면 세상 부러울 게 없다.

난분분 흩날리는 벗나무 아래

난분분 흩날리는 벗나무 아래

‘춘변산 추내장’ 이라고 했다. 봄은 변산이 최고이고 가을은 내장산이 가장 아름답다는 뜻이다. 4월 초면 내소사 전나무숲길은 봄빛으로 물들고 벚꽃도 만발한다. 곰소 젓갈과 백합죽 등 맛있는 봄 먹거리도 기다린다.

산과 들, 바다가 어우러진 곳 부안은 천혜의 관광지다. 1990년대 초 유홍준 교수는 《나의 문화유산답사기》에서 전남 강진과 더불어 답사 첫 걸음을 놓고 고민하기도 했다. 유교수는 당시 "부안엔 조용하고 조촐한 가운데 우리에게 무한한 평온을 안겨다주는 저 소중한 아름다움을 끝끝내 지켜온 그 고마움이 있다"고 적었다.

봄 변산 여행의 절정은 내소사다. 초록 전나무숲길을 지나면 분홍의 벚꽃 터널이 이어진다. 하지만 내소사 가기 전, 먼저 들러야 할 곳이 있다. 채석강이다. 채석강은 강이 아니라 변산반도 서쪽 끝 격포항과 그 오른쪽 닭이봉 일대 1.5km의 층암절벽과 바다를 총칭하는 이름이다. 화강암, 편마암을 기저층으로 약 7천만 년 전인 중생대 백악기에 퇴적한 단애가 마치 수만 권의 책을 쌓아놓은 듯이 와층을 이루고 있다. 기기묘묘한 해식 단애의 모습은 자연의 신비한 섭리를 한껏 일깨워 준다. 채석강이란 명칭은 옛날 중국의 시성 이태백이 배를 타고 술을 마시다가 강 위의 달 그림자를 잡으려다 빠져 죽었다는 채석강과 비슷하다고 해서 붙여졌다.

채석강을 둘러 본 다음 내소사로 간다. 30번 국도는 해변을 휘감으며 변산반도를 일주한다. 곰소항, 격포항, 채석강을 이으며 50km를 달린다. 채석강에서 내소사까지 이어지는 30번 국도의 오른편에는 봄 바다가 옥빛으로 일렁인다.

내소사는 백제 무왕 34년^{633년}에 지어진 절이다. 일주문에서 절에 이르는 전나무 숲길이 아름답다. 월정사 일주문에 이르는 전나무숲길이 가지런히 정리된 모습이라면 이곳 숲길은 나무들이 자연스럽게 심어져 있어 더 푸근한 느낌이 난다. 600여 미터에 이르는 전나무 숲길을 걸어 내소사 천왕문에 다다르면 자신도 모르는 사이에 마음이 정갈해진다. 본래 이름이 '다시 태어나기 위해 찾아오는 곳'이라는 뜻의 소래사^{蘇來寺}였다고 하는 내소사는 화려하지는 않아도 고졸한 멋이 풍기는 사찰이다. 아담한 경내이지만 커다란 고목이 중심을 잡고 있어 가벼워 보이지 않는다. 고려동종, 법화경절본사본, 대웅보전, 영산화쾌불탱화 등 보물을 보유하고 있으니 부화^{浮華}한 사찰과는 전혀 거리가 멀다.

4월 내소사는 초록에 분홍빛을 더한다. 전나무숲길을 지나면 벚나무길이 이어지는데, 바람이 불 때마다 난분분 흩날리는 벚꽃은 내소사를 찾는 여행자의 가슴을 울렁거리게 만든다. 대웅보전 문짝도 찬찬히 ,살펴보시길. 문짝에 새겨진 국화 창살무늬는 채색없이 말간 나뭇결을 그대로 내보인다. 소박하고 정교한 아름다움은 보는 이로 하여금 경건한 신앙심마저 자아낼 정도다.

내 가슴 속으로 들어온 바다
| 영덕 강축 해안도로

영덕은 바닷가 드라이브길이 아름답기로 이름난 고장이다. 강구항에서 918번 지방도와 7번 국도를 번갈아 타며 북쪽으로 이어지는 약 40km 가량의 바닷길은 곳곳에 전망 좋은 언덕과 아늑한 포구들을 거느리며 나아간다.

출발지는 강구항. 햇살이 내려 앉는 포구는 평화롭다. 갈매기가 한가로이 날아 다니고 정겨운 통통배 엔진소리가 포구에 흩어진다. 좌판을 펴고 이제 막 배 딴 생선을 들어올리며 '사이소'를 연발하는 경상도 아지매의 억센 사투리도 여기저기서 터져 나온다.

이른 아침이면 강구항 위판장에서 대게 경매가 진행되는데 배가 들어오는 대로 수백 마리의 대게를 바닥에 깔아놓고 경매가 펼쳐지는 모습이 장관이다. 오전 8시부터 어선들이 실어온 대게로 수협공판장 바닥은 수백 마리의 대게가 크기별로 늘여져 있으며 이때부터 치열한 경매가 시작된다.

복잡한 강구항을 벗어나면 가슴 시원한 바다풍경이 줄줄이 펼쳐진다. 대탄, 노물, 경정, 축산, 대진리 등 크고 작은 포구가 늘어서 있다. 오른쪽 차창으로는 파도 소리와 갈매기 울음소리가 쉼 없이 침범한다.

길가 철조망에서는 오징어 말리기 작업이 한창이다. 길가에 널린 수백 수천 마리의 오징어는 마치 하나의 설치 작품처럼 보인다. 피데기는 보통 하루 정도 말리고, 4~5일을 말리면 마른 오징어가 된다.

해안도로를 따라가다 보면 가까운 바다에서 물결 따라 흔들리는 검은 점들을 볼 수 있다. 전복, 해삼, 멍게를 건져 올리는 해녀들이다. 오리발을 신은 두 다리를 물위로 힘차게 뻗으며 자맥질해 들어가는 모습이 눈길을 끈다.

탁 트인 바다와 마주하고 싶다면 고래불해변으로 가보자. 모래사장이 장장 8km나 뻗어 있다. 아침 먹고 이쪽에서 출발해 돌아오면 점심녘이다. 모래밭은 밀가루를 뿌려놓은 듯 곱다. 고래불^{불은 뻘의 옛말}이라는 이름은 고려 후기 이곳 출신인 이색이 어렸을 때 상대산에 올라 병곡 앞바다에서 고래가 하얀 분수를 뿜으며 놀고 있는 모습을 보고 명명했다고 한다.

고래불해변에서는 뭘 할까. 해변에서는 그냥 바다를 보고 맨발로 모래밭을 걷고 파도에 발을 적시고 그러면 되지 않을까? 해변은 사색적이고 고민 많은 인간을 별로 좋아하지 않는다. 때로는 머릿속을 파도 소리로 가득 채우는 일도 필요한 법이니까.

짙은 안개 속 무덤덤한 도시

│ 밀양 영화 〈밀양〉 촬영지

이창동 감독의 영화 〈밀양〉을 보고서는 꼭 밀양이란 곳에 가보리라 생각을 하다 우연치 않게 밀양에 가게 됐다. 도시는 영화에서 보여졌던 것과 똑같았다. 뜨거운 햇살과 무채색의 건물들 그리고 무덤덤한 사람들의 표정과 억센 경상도 사투리까지.

남밀양IC를 나와 하남읍을 거쳐 무안으로 가는 30번 지방도를 따라 오른쪽으로 하천을 끼고 가면 영화 첫 장면에 등장하는 풍경과 만날 수 있다. 남편의 고향을 향해 가던 신애전도연 분의 차가 고장이 나 카센터의 종찬송강호 분을 불렀던 장소다. 견인차를 타고 밀양으로 들어가는 신애가 종찬에게 묻는다. "밀양은 어떤 곳이에요?"

강은 안개를 희끗희끗하게 피워 올리고 있다. 가끔씩 안개등을 켠 차들이 무심하게 지나간다. 아마도 남편을 잃고 남편의 고향에서 살기 위해 밀양을 찾은 신애의 심정이 이렇지 않았을까. 답답함, 먹먹함, 망망함…… 짙은 안개 속에서 길을 잃은 것 같은 마음이 아니었을까. 안개는 갈수록 짙어진다.

차를 돌려 1022번 지방도를 타고 삼랑리를 거쳐 밀양시내로 향한다. 이 길은 낙동강과 밀양강을 따르는 길이다. 박태일 시인은 그의 시 〈미성년의 강〉에서 밀양강을 이렇게 노래하기도 했다.

산과 산이 맞대어 / 가슴 비집고 애무하는 가쟁이 사이로 강이 흐른다. / 온 세상의 하늬 쌓이듯 눕는 곤곤한 / 곤곤한 혼탁混濁. / …… / 물 위로 물이 흐르듯 얼굴을 가리며 / 무엇이 우리의 슬픔을 데려왔다 데려가는가.

그의 묘사처럼 밀양강은 '산과 산이 맞' 댄 사이로 곤곤히 흘러 밀양 시내에 닿는다. 밀양 시내로 들어서는 길은 몰려든 안개 때문에 한치 앞이 보이지 않는다. 그렇게 이리저리 천천히 차를 몰기를 몇 십 분. 밀양 시내에 들어섰을 때 안개는 언제 그랬냐는 듯 깨끗하게 걷히고 바늘 같은 햇살이 내리꽂고 있다.

영화의 주무대가 되었던 곳은 가곡동과 삼문동, 내이동 등 밀양 시내 일대다. 밀양역 인근의 가곡동은 여주인공 신애전도연 분가 운영했던 '준 피아노'가 있던 동네다. 죽은 남편의 고향인 밀양에서 살기로 결심한 신애는 가곡동 도로변에 자그마한 피아노 학원을 열고 아들 준과 함께 새로운 삶을 시작한다. 이창동 감독은 영화를 찍기 약 한 달 전 밀양 시내를 샅샅이 카메라에 담았고, 가곡동 공터에 '준 피아노'를 세트로 꾸미게 됐다고 한다.

가곡동 일대는 천천히 돌아보는 것이 좋다. 500m의 2차선 거리는 족발집과 손뜨게집 등 간판이 전신주와 어지럽게 얽혀 있다. 이리저리 나 있는 골목은 70년대 후반 우리나라 도심의 모습을 잘 간직하고 있다. 담쟁이덩굴이 무심히 자란 시멘트 벽. 버려진 듯 기대어 있는 리어카, 낡은 커튼이 쳐진 창문 등 세월에 닳은 이 모든 풍경이 정겹고, 아직 견디고 있다는 것이 고맙다.

'준 피아노'에서 가까운 곳에 밀양남부교회가 있다. 들어선 지 90년이 다 되어 간다. 신애와 종찬이 나왔던 대부분의 교회장면이 이곳에서 촬영됐다. 남부교회 교인들은 실제로 영화 속 엑스트라로 많은 지원을 아끼지 않았다고 한다. 송강호는 가장 기억에 남는 장면으로 교회 앞에 주차하는 장면을 꼽기도 했다. 가곡동 거리를 다니다 보면 신애의 희망과, 아들을 유괴당한 뒤의 슬픔과 좌절까지 고스란히 느낄 수 있다.

밀양의 대표적인 여행지는 밀양시를 가로 지르는 밀양강과 밀양교 그리고 영남루다. 이창동 감독은 특별히 이 경관을 좋아했다고 한다. 이 때문에 영화 촬영 중에도 문성근 씨 등 찾아온 지인들과 차를 즐겨 마셨던 커피숍 '일마레'는 신애의 생일파티가 열린 장소가 되기도 했다. 예닐곱 평남짓한 좁은 커피숍 안은 40여 명의 스태프들로 하루 종일 북적거렸다고 한다. 영화 속에서도 종찬이 영남루를 설명하는 장면이 나온다.

물속에 핀 고운 애기단풍

9월말 설악산을 출발한 단풍은 오대산 등 강원도를 붉게 물들인 후 중부 지방을 지나 남부 지방으로 남하를 거듭한다. 그리고 가을 막바지, 대관령에 첫 눈이 내릴 무렵, 전남 장성 땅 백양사에는 단풍이 든다.

백양사 단풍은 '작은 잎 단풍'. 흔히들 이야기하는 애기 단풍이다. 크기는 작게는 어른 엄지손톱, 큰 것은 어린아이 손바닥 정도다.

이 애기단풍에 붉은빛이 들면 색깔이 곱다. 바람이 불면 어린아이가 손을 흔들듯 단풍나무 가지가 흔들리며 단풍잎을 우수수 쏟는다. 백양사 들머리에서 약 1.5km가 이어지는 산책로와 매표소에서 천진암까지 이어지는 500m 길이의 오솔길에 애기단풍나무가 터널을 이루고 있다.

고려말 학자 목은 이색은 "왼쪽 물에 걸터앉아 오른쪽 물을 굽어보니 누각의 그림자와 물빛이 위아래로 서로 비치어 참으로 좋은 경치"라고 했는데, 이는 백양사로 들어가기 전 쌍계루 앞에 있는 개울을 두고 한 말이다. 이색의 찬사대로 개울은 쌍계루를 담고 단풍의 붉은 빛을 담고 가을의 짙푸른 하늘을 오롯이 담고 물결에 흔들린다. 그 물에 비치는 가을 풍경이 한 폭의 수묵채색화 같기도 하고 유화 같기도 하다.

기분 좋은 가을 트레킹

기분 좋은 가을 트레킹

문경새재만 떠올리면 기분이 좋아진다. 이 땅의 모든 길이 죄다 산허리를 베거나 굴을 파서 지날 때도 백두대간을 넘는 흙 고운 이 길만은 옛 모습 그대로 남아 여행자의 발걸음을 기다린다.

문경새재는 경북 문경과 충북 충주를 잇는 백두대간 옛 길이다. 조선시대 부터 영남에서 한양으로 통하는 가장 큰길영남대로이었다. 한양에서 영남으로 부임하는 관리들의 행차가 이 길을 넘었고, 청운의 뜻을 품고 과거길에 오른 선비도 이 길을 넘어야 한양으로 갈 수 있었다. 이들뿐이었으랴. 괴나리봇짐을 멘 보부상들도 문경새재를 넘었다.

문경새재는 '문경'과 '새재'가 합쳐진 말. 문경은 경사스러운 소식을 처음 듣는다는 뜻이다. '새재'는 '새도 날아서 넘기 힘들다'는 뜻이다. 문경새재에는 모두 3개의 관문이 있다. 주흘관제1관문, 조곡관제2관문, 조령관제3관문이 그것. 모두 적을 방어하기 위해 만들어진 것들이다. 트레킹 코스는 이 세 관문을 차례로 지난다. 첫 관문은 주흘관. 3개의 관문 가운데 풍채가 단연 뛰어나다. 성곽의 윤곽도 분명하며 덩치도 크다.

주흘관을 지나면 부드러운 흙길이 시작된다. 이 길은 열 사람이 어깨를 겯고 걸어도 충분할 정도로 넓다. 길도 곱디고운 흙으로 덮여 있다. 주흘관을 지나면 계곡 건너에 KBS 세트장이 있다. 민속촌과 비슷한 모습이다. 기와집과 초가집, 고려궁과 백제궁 등이 재현되어 있다. 규모 면에서는 세계에서 5번째 안에 드는 대규모 촬영장이라고 한다. 우리나라의 이름난 사극은 대부분 이곳에서 찍는다.

촬영장을 벗어나면 길은 다시 호젓해지고, 마당바위와 조령원터, 교귀정 등이 차례로 나타난다. 조령원은 지금으로 말하면 관사쯤 된다. 영남대로를 오가는 관리들을 위한 시설이다. 옛날에는 영남대로에만 역이 30여 개, 원이 165곳이나 있었다고 한다. 교귀정은 관찰사들이 이·취임식을 하고 관인을 인수인계하던 곳이다.

주막을 지나 2관문으로 가는 길, 길은 한참을 걸어도 넓고 시원시원하게 뚫려 있다. 조선시대 길인데도 승용차 2대가 지나다닐 수 있을 정도다. 나뭇잎이 모두 떨어진 활엽수림 사이로 푸른 하늘이 터져 있어 걷기에도 좋다.

길을 걷다 보면 정겨운 비석 하나를 만날 수 있다. '산불됴심비' 다. 조선 정조 때 산불에 대한 경각심을 일깨우기 위해 만들어 놓았다는 이 비석에 적힌 글씨가 한글의 변천사를 느끼게 해준다.

길은 점점 숲그늘에 묻힌다. 다시 1시간쯤 걸으면 2관문인 조곡관이다. 성문 앞으로 계곡물이 쏜살같이 흐른다. 조곡관을 넘으면 제법 길이 가파르다. 그렇다고 숨소리까지 거칠어질 정도는 아니다. 공기는 한결 더 상쾌해진다.

조령3관문 직전에 책바위가 나타난다. 과거를 보러 가던 유생들이 이곳에서 급제를 빌었다고 한다. 책바위를 지나면 마지막 오름길이다. 3관문으로 오르는 마지막 지점은 조금 가파르다. 그러나 길지 않다. 호흡이 가빠올 때쯤 하늘이 열리면서 3관문인 조령관이 당당한 자태로 맞아준다. 3관문인 조령관에 올라서면 사방이 시원하다. 주흘산의 영봉과 주봉이 보이고, 주흘봉과 조령산도 또렷하다.

TRAVEL NOTE
· 10월 중순 지나면 단풍이 들기 시작한다. 찬바람 솔솔 부는 9월말부터 걷기 좋다. 봄도 괜찮다.
· 문경새재 도립공원 입구 소문난식당(054-572-2255)의 묵조밥이 유명하다. 묵조밥은 묵과 조
를 섞어 지은 밥에 청포묵과 도토리묵을 넣고 비벼 먹는다.

단풍잎 즈려 밟고
가을에서 가을로

단풍잎 즈려 밟고
가을에서 가을로

59

가을 끝 무렵 화려한 단풍은 선운산을 물들이고 선운산에 들어앉은 선운
사의 기와를 덮고 또 덮는다.

선운사에 도착한 순간, 입구부터 눈이 환해진다. 절 경내에 들어서면 눈에
보이는 것은 온통 붉은색, 붉은색뿐이다. 선운사를 찾은 여행객들은 초입
부터 '이쁘다, 이쁘다'를 연발하며 발걸음을 떼지 못한다.

선운사는 백제 위덕왕 24년[577년] 검단선사가 창건했다. 당시 89개의 절집
에 3,000명이 넘는 승려가 수도했다는 대찰이었다. 지금도 전북 지역에서
김제의 금산사와 함께 가장 크다. 보물 5점, 천연기념물 3점, 전북 유형문
화재 9점이 있다.

선운사에서 도솔암에 이르는 길도 온통 단풍이다. 선운사 앞에서 흙길을
밟아 40~50분 정도 오솔길을 따라가면 된다. 이 길 참 좋다. 길은 높낮이
가 뚜렷하게 느껴지지 않을 정도로 완만하다. 걷기에 알맞다. 길 양 옆으
로는 꼬불꼬불한 활엽수들이 고만고만한 모습으로 빼곡하고, 흙 바닥은
오랜 세월 사람들의 발길에 다져져 있다. 할아버지, 할머니에서 손자, 손
녀까지 온 가족이 함께 걷기에 좋다. 단풍 나무 아래에는 군데군데 쉼터가
마련되어 있다.

이 길을 따라가면 도솔암에 닿는다. 도솔암의 정확한 이름은 도솔천 내원
궁. 벼랑 끝에 터를 겨우 닦아 만든 작은 암자다. 거대한 마애불이 서 있
는데, 재미있는 이야기가 전한다. 이 부처님 배꼽에 있는 복장감실에 세상
을 바꿀 비결과 벼락살이 숨겨져 있다는 소문이 돌았다. 하여 1820년, 새

로 부임한 전라감사 이서구가 사다리를 타고 올라가 감실을 뜯고 책을 열었는데, 책 첫 문장이 이러했다. "이서구가 열어본다". 기겁한 이서구 머리 위로 벼락이 쳤고, 이서구는 책을 되던져 놓고 도망갔다고 한다.

세월이 흘러 1892년, "이서구가 벼락을 맞았으니 안전하다"는 판단과 함께 동학도들이 다시 감실을 열어 책을 가져갔다. 이 일로 동학도 수백 명이 문초를 당하고 고문을 당했다. 뭐라 적혀 있었는지는 지금도 알 길이 없다.

선운사 가는 도솔천, 바람이라도 불면 단풍잎이 우수수 떨어져 내린다. 머리 위에, 어깨 위에 붉고 노란 단풍이 쏟아진다.

사람 마음이란 게 참 간사해서 꽃 필 때는 봄이 제일 좋다고 생각되다가 이렇게 단풍숲에 드니 또 가을이 가장 좋은 계절인 것 같다. 아무렴 어떨까. 분명한 건 내가 서 있는 이곳이 가장 좋은 자리이고 지금이 가장 좋은 때인 것을.

오렌지빛으로 물드는
제주의 하늘과 바다
| 제주 광치기해안 일출

제주 전역에 자리한 수많은 오름들 가운데 성산일출봉은 제주 동부를 대표하는 오름이자 제주를 상징하는 명소라고 해도 모자람이 없다. 성산일출봉을 배경으로 한 일출 사진과 유채꽃밭 사진은 제주도를 소개하는 기사나 홍보물에 어김없이 등장한다. 성산일출봉은 예부터 정상에서 바라보는 해 뜨는 광경이 아름다워 영주십경瀛州十景에서 제1경으로 꼽혔다.

일출봉이 만들어진 시기는 약 5만~12만 년 전으로 추정된다. 수심이 얕은 해저에서 화산이 분출하면서 만들어졌다. 본래는 육지와 떨어진 섬이었지만 제주 본섬과의 사이에 모래와 자갈이 쌓이기 시작하면서 지금의 모습처럼 연결됐다. 2000년 천연기념물 제420호로 지정됐으며 한라산과 함께 세계자연유산, 세계지질공원이 됐다.

바닷가에 웅장한 자태를 뽐내며 서 있는 일출봉은 멀리서 보면 때로는 화려한 왕관처럼 보이고 때로는 난공불락의 고성처럼 보이기도 한다. 높이는 183m에 불과하지만 구좌, 수산, 성읍, 표선 등 동부 제주의 어느 방향에서 바라보더라도 1,000m는 훌쩍 넘어보인다. 일출봉 매표소를 출발해 처녀바위, 등경돌, 초관바위, 곰바위를 차례로 지나면 일출봉 전망대에 올라서게 되는데, 이곳에서 한라산과 제주 동부 지역의 수많은 오름들이 한눈에 들어와 가슴 깊이 감동을 선사한다. 정상에는 지름 600m, 바닥면의 높이가 해발 90m인 거대한 분화구가 있다.

성산일출봉은 이름에서 알 수 있듯 한국 최고의 일출 명소 가운데 한 곳이다. 해마다 1월 1일이 되면 일출을 보기 위해 전국에서 수많은 관광객들이 몰려든다. 일출을 보기 위해 성산일출봉에 오르는 이들도 많지만 성산일출봉의 일출을 가장 잘 볼 수 있는 곳은 사실 광치기해변이다. 광치기해변은 성산일출봉과 성산읍을 잇는 모래사장 또는 모랫길을 말한다. 아침이면 제주 바다에서 불쑥 떠오르는 해가 성산일출봉을 황금빛으로 물들인다.

겨울철, 제주의 변덕스런 날씨는 일출을 쉽게 허락하지 않는다. 전날 저녁까지는 맑다가도 다음날 새벽, 심술궂게 비나 눈을 뿌려 어깃장을 놓기도 한다. 제주 사람들조차 제주의 내일 날씨는 내일이 되어도 모른다고 한다. 그만큼 성산포 일출을 보는 것은 운이 좋아야 한다는 말이다. 해가 뜨더라도 수평선 자락에 두텁게 내려앉은 구름과 해무 때문에 수평선에서 한참 떨어진 공중으로 불쑥 얼굴을 내밀 때도 많다. 일출을 보더라도 성산일출봉 위로 솟아오르는 그림 같은 일출은 기대하기 어렵다. 광치기해안에서 일출을 본다면, 성산포에서 오른쪽으로 한참 떨어진 바다 위로 해가 솟는다.

오전 7시 20분 쯤 되자 해안이 분주해진다. 수평선 한 쪽이 붉은 기운을 뜨이기 시작하면서 사진작가들이 포인트를 잡느라 이리저리 자리를 옮긴다. 차 안에서 일출을 기다리던 여행객들도 하나 둘 밖으로 나온다. 그렇게 수평선과 새벽을 짙은 푸른색에서 오렌지빛으로 물들이던 아침 해가 마침내 모습을 내민다. 하늘은 황금빛으로 물들고 바다와 바위, 모래도 황금빛으로 물든다. 고요한 성산포의 아침을 깨우는 건 사진작가들의 셔터 소리와 갈매기들의 울음소리, 그리고 여행객들의 나즈막한 탄성이다.

마음이 활짝 열리는 절

개심사가 가장 아름다울 때는 4월 말에서 5월 중순까지. 이 즈음이면 어린아이 주먹만한 진분홍 왕벚꽃이 피어 여행자의 마음을 흔든다. 우리가 흔히 접하는 분홍 벚꽃이 아닌 푸른빛이 살짝 도는 청벚꽃도 만나볼 수 있다. 꽃잎이 크고 풍성한데, 전국에서 유일하게 개심사에만 핀다고 한다.

그래도 꽃보다 더 좋은 건 심검당尋劍堂이다. 사람 인人자를 겹친 맞배지붕 아래 이리저리 휜 목재를 기둥 삼았고 단청도 하지 않았다. 껍질만 벗긴 소박한 두리기둥과 기둥 위를 가로지르는 창방의 나무들이 물결 같은 곡선을 그려낸다. 검박하지만 예쁘고 아름답다. 두 번 세 번 자꾸만 눈으로 훑어보게 된다. 심검당이란 얽히고 설킨 번뇌를 벨 반야般若의 칼을 찾는 집이란 뜻이다.

봄날 찾아보시길. 옅은 벚꽃 그림자가 발등에 어룽대는데, 그 풍경에 문득 마음이 맑아지고 환해진다. 사람 마음이라는 게 참… 벚꽃 그림자에도 위로를 받는 것이 사람 마음이다. 이런 게 여행이 주는 위로다.

■ TRAVEL NOTE
· 4월말에서 5월초 왕벚꽃이 필 때.
· 해미읍성은 개심사에서 차로 15분 거리에 있다. 왜구의 빈번한 침략을 막기 위해 1417년 축조 사업이 시작돼 세종 3년인 1421년 완성됐다. 성벽의 높이는 4.9m, 성의 둘레는 약 1.5km. 이순신 장군도 서른다섯 살 때(1579년) 이 성에서 종8품 훈련원 봉사로 열 달간 근무했다고 한다. 조선 초기의 성채 특징을 잘 보여준다.

마음을 이어주던
옛날 옛적 그 다리

| 영월 요선암과 판운리 섶다리

영월 초입, 가장 먼저 만나는 강이 주천강이다. 주천酒泉이란 이름은 인근에 '술이 솟는 샘'이 있었다고 해서 붙여진 이름이다. 주천강이 보여주는 풍경 중에서도 가장 으뜸이 요선암이다. 요선암은 강바닥에 있는 거대한 바위덩어리인데 기묘하다고밖에 할 수 없다. 사과를 깎듯 돌려 깎은 바위며 요강 같은 구멍이 난 바위 등등 하나같이 수많은 시간과 물살이 만들어 낸 작품이다. 조선 중기의 명필 양사헌은 이곳 경치에 반해 '신선이 놀고 간 자리'라는 뜻의 요선암이란 이름을 붙였다.

요선암 가까이 요선정이 있다. 고려 때 세운 마애불과 자그마한 불탑을 만날 수 있다. 정자는 1915년에 지어진 것이라 내력이 깊진 않지만, 정자 곁의 마애불이 볼 만하다. 앞으로 기울어진 바위에 새겨져 있는데, 머리와 어깨는 높이 돋을새김 되어 있다. 정교하지 않지만 소박해서 정감이 간다.

요선암 멀지 않은 곳에 판운리라는 마을이 있다. 옛 모습을 간직한 강촌이다. 구름과 안개가 넓게 끼는 곳이라 '너룬' 혹은 '널운'이라 불렸는데, 일제시대 때 판운리라 불리게 되었다. 판운리의 명물은 섶다리다. 섶다리는 강원도 강촌에서 겨울철에 놓는 임시 나무다리인데, 추수가 끝난 늦가을에 만들었다가 이듬해 장마가 지면 강물에 떠내려 보낸다. 10여 년 전까지만 해도 영월과 정선지방에서 쉽게 볼 수 있었지만 골골마다 도로가 뚫리고 다리가 세워지면서 하나둘 사라지고 지금은 영월에서 섶다리를 만드는 곳은 판운리 한 곳뿐이다.

옛날부터 섶다리를 놓은 날은 잔칫날이었다. 돼지를 잡아 국밥을 끓이고 돼지 육수에 국수를 말아 먹으며 '정'을 나누었다. 기억속으로 사라졌던

섶다리가 다시 모습을 드러낸 것은 몇 년 전의 일이다. 도회지 사람들이 섶다리도 구경거리라고 아우라지와 동강을 찾자 동네사람들이 관광객 유치 차원에서 다시 섶다리를 놓기 시작했다.

섶다리는 좁다. 두 명이 비켜가기 힘들다. 다리 이쪽 저쪽에서 사람이 오다 보면 딱 마주쳐 오도가도 못할 형국이다. 오히려 다리가 이렇게 좁은 까닭에 마음 따뜻한 풍경이 많이 만들어졌으리라. 휘영청 달 밝은 밤에는 처녀 총각이 다리에서 마주쳐 사랑을 싹 틔웠을 것이고 마을 사람들은 건너편 사람이 건너오기를 기다렸다가 서로의 안부를 물었을 것이다. 싸웠던 사람들도 다리에서 마주쳐 어쩔 수 없이 멋쩍게 웃으며 화를 풀었을 것이다. 다리는 마을과 마을을 이어주었을 뿐만 아니라 마음과 마음도 이어주었으리라.

연인의 손을 꼭 잡고서

063

참 좋은 숲이다.
연둣빛, 초록빛의 봄, 여름도 좋고 낙엽지는 가을도 좋다.
겨울도 괜찮다.
낙엽을 지그시 밟으며 산책하는 겨울숲이 오히려 포근하다.

상림은 통일신라 때 최치원이 함양 태수로 있으면서 홍수 피해를 막기 위해 만들었다고 전해진다. 모두 1.6km에 달하는 상림숲길에는 120여 종, 2만여 그루의 나무들이 빼곡하게 자리하고 있다.

한 바퀴 걷고 나면 또 걷고 싶어진다.
연인의 손을 잡고 걸어보시길.
마냥 행복해진다.

TRAVEL NOTE
· 사계절 언제라도 좋다.
· 지곡면 개평 한옥마을도 꼭 가보시길 권한다. 선비마을 함양의 분위기를 물씬 느낄 수 있다. 조선시대 동방 5현의 한 사람으로 꼽혔던 일두 정여창 고택. 1880년에 지은 하동 정씨 고가 등 50여 채의 한옥이 그대로 남아 있다. 일두고택은 TV 드라마 〈토지〉의 촬영 장소기도 하다.

천불천탑의 신비

화순 도암면 대초리에 자리한 운주사만큼 독특한 절이 있을까. 운주사는 우리에게 천불천탑으로 널리 알려져 있다. 언제 어떻게 이렇게 수많은 부처들이 만들어졌는지, 기기묘묘한 석탑은 누가 세웠는지 신비에 쌓인 절. 그런 까닭인지 그럴싸한 전설도 깃들었고 수많은 문학작품의 소재가 되기도 했다.

운주사의 주인은 절 곳곳에 놓인 불상들이다. 하나같이 크기도 다르고 얼굴 모양도 제각각이다. 홀쭉한 얼굴도 있고 동그란 얼굴도 있다. 코는 닳았고 눈매는 희미하다. 눈, 코, 입이 단순하게 선만으로 처리된 부처의 얼굴도 있다. 어떻게 보면 못생겼고 어떻게 보면 우습게 생겼기도 하다. 근엄한 표정은 찾아볼 수 없다. 하나같이 우리 이웃들의 얼굴을 보는 듯 소박하고 친근하다.

불상만 그런 것이 아니다. 탑들도 특이하다. 절에서 흔히 보던 반듯하고 아름다운 탑과는 거리가 멀다. UFO를 닮은 탑도 있고 항아리를 닮은 탑도 있다. 부여정림사지 5층 석탑을 닮은 백제계 석탑, 감포 감은사지 석탑을 닮은 신라계 석탑, 분황사지 전탑^{벽돌탑} 양식을 닮은 모전계열 신라식 석탑도 있다. 층수도 3, 5, 7, 9층 등으로 다양하고 탑에 새겨진 문양도 독특하다. 탑신에는 절에서 흔히 쓰는 연꽃문양이 아니라 X, V, ◇, // 등의 그림이 그려져 있다.

운주사에 현재 남아 있는 석탑은 21기, 돌부처는 100여 기다. 옛날에는 천불천탑이 있었다고 한다. 《신증동국여지승람》에는 '운주사는 천불산에 있으며 절 좌우 산에 석불과 석탑이 각 1천 기씩 있고 두 석불이 서로 등을 대고 앉아 있다'고 적혀 있다. 일제 때까지도 지금보다 4~5배는 더 많았다고 한다. 운주사 전체를 조망하려면 대웅전 뒤편 산 중턱의 공사바위에 오르면 된다.

운주사에는 도선국사의 전설이 얽혀 있다. 운주사에 천불천탑을 세우면 국운이 열릴 것으로 생각한 국사는 도력으로 하룻밤 사이 1천 기의 석탑과 1천 기의 석불을 세우기로 했다. 그런데 안타깝게도 동자승이 장난 삼아 닭소리를 내는 바람에 한 쌍의 불상은 세우지 못했다. 이 한 쌍의 불상은 절 서쪽 산비탈에 있다. 남편불과 아내불이 솔숲에 사이 좋게 누워 있다. 정식 이름은 '운주사 와형석조여래불'. 크기는 각각 12.7m와 10.3m로 국내의 와불 중에는 규모가 가장 크다. 이 와불이 일어서는 날이면 '새로운 세상'이 온다고도 전해진다.

잊혀졌던 운주사를 다시 세상에 알린 이는 소설가 황석영이다. 그는 조선 숙종대의 의적을 다룬 소설《장길산》에서 천불산 골짜기의 운주사에 천불천탑을 세우고 마지막으로 와불을 일으켜 세우면 민중해방의 세계가 열린다는 것으로 대미를 장식했다. 이후 운주사는 미륵신앙의 혁명적인 성지로 부상하게 되었다.

기암절벽 사이를 걷다

주왕산은 등산로를 잘 만들어 놓아 한나절 가벼운 봄 트레킹을 즐기기에 좋다. 주왕산에는 여러 코스의 등산로가 있는데, 그 중에서 가장 인기 있는 상의매표소~대전사~주왕암~급수대~제1폭포~제2폭포~제3폭포~내원동 코스다. 왕복하는 데 4시간 정도 걸린다.

매표소를 지나면 대전사다. 봄이면 마당의 왕벚나무가 진분홍 벚꽃을 피워 문다. 제1폭포까지 가는 길은 평탄하다. 오르막 내리막이 거의 없다. 길도 잘 다져져 있다. 제1폭포 주변은 주왕산 최고의 절경이다. 3~4m 정도 높이의 폭포가 거세게 쏟아져 내린다. 거대한 바위들이 감싸고 있어 폭포 소리가 더욱 크게 들린다. 1폭포를 지나면 떡시루를 닮았다는 시루봉, 청학과 백학이 노닐었다는 학소대, 촛대봉 등 저마다 전설 한 자락을 간직한 바위들이 우뚝하다. 1.2km 정도 가면 제2폭포와 제3폭포 갈림길이 나온다. 제3폭포는 주왕산 폭포 중 가장 크다. 20여 미터 높이의 이단 폭포로 바위산답게 폭포 앞에도 자갈 대신 큼직한 바위들이 깔려 있다. 시원하게 쏟아지는 폭포수가 발길과 눈길을 붙든다.

등산로를 따르다보면 조선시대 최고의 인문지리학자인 이중환이 《택리지》에서 '골이 모두 돌로 되어 있어 마음과 눈을 놀라게 하며 샘과 폭포가 절경'이라고 극찬한 것에 고개를 끄덕이게 된다.

· 수달래가 피는 5월 무렵.
· 덕천마을 한 가운데 자리한 송소고택(054-874-6556)은 조선 영조때의 만석지기였던 심처대의 7대손 송소 심호택이 1880년경 13년에 걸쳐 지은 99칸짜리 집. 한옥체험도 할 수 있다.

맛있는 봄을 만나자

맛있는 봄을 만나자

통영은 맛의 고장이다. 통영하면 으레 '통영 굴'을 떠올리지만 이것 말고도 먹을 것이 지천이다. 봄날 통영으로 맛 여행을 떠나보자.

도다리쑥국은 오직 봄에만 맛볼 수 있는 통영의 진미다. 도다리쑥국은 봄에 나오는 자연산 도다리와, 역시 봄에 나오는 쑥을 함께 넣어 끓인 국이다. 쌀뜨물에 된장을 풀고 절반 정도로 자른 도다리를 넣고 끓인다. 도다리 살의 촉촉한 질감과 향긋하면서도 강한 쑥의 냄새가 어울린 맛은 어느 문호의 글이나 고급 사진기로도 표현하기 어렵다. 도다리 살은 입에 들어가자마자 사르르 녹는다. 도다리쑥국이 가장 맛있을 때는 3~4월. 이 때면 알이 통통하게 배고 살도 여문다. 이 시기를 놓치면 또 1년을 기다려야 한다. 서호시장 입구에 있는 분소식당055-644-0495이 유명하다. 허름한 시장밥집이지만 도다리쑥국으로 40년 넘게 이름을 떨치는 집이다.

졸복국은 시락국과 함께 통영사람들에게 가장 사랑받는 해장국이다. 작은 붕어 크기의 졸복을 넣고 미나리, 콩나물과 함께 우려낸 국물은 진하면서도 담백하다. 통영 토박이들은 만성복집055-645-2140과 풍만식당055-641-6037을 으뜸이라고 추천한다. 새벽 경매가 끝난 후 뱃사람들이 즐겨찾는 곳으로 서호시장 앞에 있다. 졸복국을 주문하면 뼈째 썰어낸 병어회와 싱싱한 굴무침을 반찬 삼아 내놓는다.

매운탕 매니아들은 삼식이 매운탕, 뽈락 매운탕과 함께 쑤기미 매운탕을 최고로 친다. 쑤기미는 뽈락과의 생선. 양식이 되지 않아 자연산만을 쓴다. 고춧가루로만 양념을 하는데 국물 맛이 개운하고 담백하기 그지없다. 살은 아귀와 삼식의 중간쯤. 부드러우면서도 쫄깃하다. 적십자병원 근처에 있는 진미식당055-643-0240이 유명하다.

멍게비빔밥도 별미다. 멍게비빔밥을 한 입 입에 넣는 순간, 바다를 머금은 듯한 기분이 든다. 멍게비빔밥에 들어가는 것은 멍게와 통깨, 김가루, 참기름 4가지. 재료가 더 들어가도 안 된다는 것이 통영사람들의 설명이다. 고유한 맛을 해칠 수 있다는 게 이유다. 멍게비빔밥을 맛있게 먹으려면 밥알이 눌리지 않게 숟가락이 아닌 젓가락으로 밥과 멍게, 양념을 삭삭 비벼야 한다. 멍게도 꼭꼭 오래 씹어보자. 바다 냄새가 더욱 진하게 퍼질 것이다. 통영문화마당 근처에 있는 통영맛집055-641-0109이 잘한다.

1960~70년, 부산과 여수, 거제 등을 오가는 뱃길의 중심지였던 통영 여객터미널에는 언제나 뱃사람과 상인들이 북적였고, 이들을 상대로 한 요깃거리는 늘 인기였다. 이 때 등장한 것이 충무김밥인데 간단하고 상하지 않아 인기가 좋았다고 한다. 충무김밥은 맨김으로 싼 밥과 슥박김치라고 불리는 무김치, 그리고 시락국이 전부다. 짠맛보단 시원한 맛과 매콤한 맛이 우선인 슥박김치는 사각사각 씹는 맛이 일품이다. 길 떠나는 어부들을 상대로 팔던 음식이어서 젓가락 대신 이쑤시개를 사용한다는 것도 특징. 통영문화마당 앞에는 '원조'를 내건 충무김밥집이 늘어서 있다. 맨밥을 김으로 싸고 주꾸미, 갑오징어 무침과 무김치를 곁들여 먹는다. 뚱보할매김밥(055-645-2619)이 유명하다.

경주에 황남빵이 있고 안흥에 찐빵이 있다면, 통영에는 오미사꿀빵055-645-3230이 있다. 1960년대, 오미사꿀빵집의 주인 할아버지가 밀가루 배급을 받던 시절, 빵을 만들어서 하나둘 팔았는데 인기가 좋았다고 한다. 이 빵집에 간판이 없어서 사람들은 오랫동안 '오미사 옆집 빵집'이라고 불렀다. 오미사는 당시 빵집 옆에 있던 세탁소 이름. 세월이 흘러 오미사는 없어지고 '오미사 옆집'으로 불리던 꿀빵집이 '오미사'라는 이름을 갖게 됐다. 팥소를 넣어 튀겨낸 빵을 끈적끈적한 물엿에 담근 후, 깨를 뿌려낸다. 앞치마를 한 주인 할아버지가 정성껏 빵을 빚는 풍모가 '장인'을 연상케 한다. 오전 10시쯤 문을 여는데 그날 팔 분량만을 만들어 오후 서너시면 다 팔고 문을 닫는다.

다찌집은 술 한 병을 시키면 안주가 무제한 따라 나오는 통영식 술집을 말한다. 통영을 알려면 다찌집을 알아야 한다는 말이 있을 정도다. 다찌집에 들어서면 보통 메뉴판에는 술 종류와 가격만 적혀 있다. 소주 1병이 1만원, 맥주는 1병에 6,000원이다. 기본은 3만원. 술은 얼음이 채워진 플라스틱 통에 담겨 나온다. 술을 주문하면 안주가 나오는데 조개, 돌미역, 새우, 가재, 멍게, 생선미역국, 꽁치구이, 생선회 등이 하나 둘씩 상위로 깔린다. 술이 한 병씩 추가될 때마다 성게알, 해삼창자, 관자 등이 더해진다. 안주값은 이미 술값에 포함돼 있다. 무슨 안주가 나올지는 순전히 주인 마음이다. 연성실비집055-649-1414은 통영토박이들이 추천하는 곳.

걷다보면 마음이 연해지는
서울 홍제동 개미마을

홍제동 전철역으로 나와 마을버스를 타고 10여 분을 가면 개미마을이란 곳에 닿는다. 주민들 대부분이 일용직에 종사하거나 국민기초생활수급 대상자인 가난한 동네다. 하지만 주말이면 이 마을이 붐빈다. 카메라를 든 이들이 골목 이곳 저곳을 기웃거린다. 몇 해 전 마을 곳곳에 벽화가 그려지면서부터다.

오래된 낡은 기와와 슬레이트에 강아지며 바다, 나무며 꽃, 구름, 종이비행기 등이 그려졌다. 담벼락마다 그려진 총천연색 그림들을 보며 걷다 보면 얼굴에는 절로 미소가 피어오른다.

벽화를 구경하며 마을 골목골목을 어린 고양이처럼 쏘다니다 보면 마음 한 켠이 환해지는 것 같다. 딱딱했던 마음도 어느새 스르륵 풀리는 것 같다. 마을버스를 타고 툴툴거리며 내려갈 때는 '그래, 이까짓 것 아무것도 아니야' 하는 생각이 들곤 한다.

🏠 TRAVEL NOTE
· 아무 때나 마음이 꼬이는 날.
· 지하철 3호선 홍제역 2번 출구로 나와 마을버스 정류장에서 마을버스 7번을 탄다. 5분 정도 가면 개미마을이다.

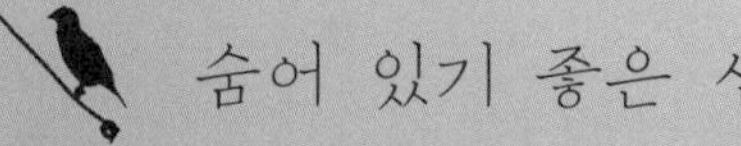

숨어 있기 좋은 섬

가거도와 만재도라는 섬이 있다. 뭍에서 아주 멀리 떨어져 있다. 전남 목포에서 쾌속선을 타고 4시간 이상을 가야 한다. 어느 해 가을, 이 두 섬을 오가며 보름 정도 머물렀다. 목적은 딱히 없었다. 취재를 위해 머물렀던 것도 아니고 휴가를 간 것도 아니었다. 그래도 계속 이유를 캐묻는다면, 취재도 아니고 휴가도 아니면서 그렇게 먼 곳까지 간 이유가 무엇이냐고, 그 작은 섬에서 왜 보름씩이나 머물렀냐고 따져 묻는다면, 글쎄 어떻게 대답해야 할까.

어디든 도망치고 싶었는데, 하필 내가 도망친 곳이 가거도와 만재도였다고 해두자. 가거도의 경치가 끝내주게 좋아서라든지, 만재도의 돌담길이 정말 멋있어서라든지, 만재도의 돌멍게가 맛있어서라든지, 이런 구체적인 이유는 델 수가 없다. 굳이 하나 이유를 대자면 목포에서 배를 타고 4시간 이상을 가야 하는 아주 먼 섬이라는 그 사실, 그것이다.

이들 두 섬에 대한 '디테일'은 대략 다음과 같다. 가거도는 우리나라 최서남단에 위치한 섬이다. 뱃길이 워낙 멀고 험해서 '가도 가도 뱃길이 끝나지 않는 섬'이라고도 하고, 중국과 가까워서 '중국 땅의 닭울음소리가 들리는 섬'이라고도 한다. 실제로 가거도와 중국 상하이 간의 직선거리는 435km로 서울까지 오는 길과 비슷하다.

만재도는 가거도에 비해 지리적으로는 가깝다. 하지만 뱃길은 더 멀다. 배가 흑산도, 홍도, 상태도, 하태도, 가거도를 거쳐 만재도에 닿기 때문이다. 가거도에서 만재도까지는 1시간을 더 가야 한다.

두 섬은 참 예쁘다. 가거도에는 독실산이라는 산이 섬 한복판에 솟아 있다. 해발 639m. 후박나무와 구실잣밤나무, 동백나무 등이 빽빽하다.

만재도는 작은 섬이다. 고작해야 50여 가구에 100여 명이 산다. 1960년대까지는 가라지^{전갱이과} 파시가 형성돼 섬의 이름값을 했다. 그러나 그런 호시절이 지난지는 오래다. 지금은 만재도 선착장에 배를 댈 수조차 없다. 바다가 얕기 대문이다. 쾌속선이 바다에 멈추면 조그만 연락선이 승객을 태우러 온다. 섬의 동쪽에서 기적이 울리면 쾌속선이 보이지 않아도 연락선은 서둘러 바다로 마중을 나간다.

두 섬에 머물며 딱히 했던 일은 별로 없었다. 아침이 오면 아침밥을 먹고 점심 때는 점심을 먹었다. 저녁이면 미역을 안주 삼아 막걸리를 마시거나 소주를 마셨다. 산책을 나가거나 민박집 마당의 염소와 놀았다. 만재도에서는 가끔 해녀 할머니들이 물질하는 것을 구경하러 배를 얻어타고 나가기도 했는데, 그때마다 해삼이며 멍게 따위를 실컷 얻어먹었던 것 같다.

잠 오지 않는 밤에는 연필로 글을 썼던가. 이를테면 바람에 펄럭이는 철지난 달력과, 적당히 기울어진 전봇대, 창에 어룽대는 후박나무잎, 칠이 벗겨진 자전거, 지직거리며 들려오는 라디오 소리 같은 것들에 대해……

기억이 까무룩하다.

어쨌든 200×년 어느 가을, 나는 모처의 섬에서 보름 정도 숨어있었는데, 마음은 여유로웠고, 한적했으며 가끔 외로웠다. 그리고 이 글을 쓰고 있는 지금 그 시간을 약간 그리워하고 있다. 내 인생의 보름은 그 섬에 소속되었다, 라고 말해두고 싶다.

📷 TRAVEL NOTE
· 동백이 피는 3~4월, 한여름이 좋다.
· 목포연안여객선터미널(061-243-0116)에서 거차도까지 쾌속선이 오전 8시 1회 운항한다. 4시간
30분 소요. 섬누리민박·횟집(011-9663-3392), 동구횟집민박(061-246-3292) 등이 있다.

108계단 다랭이 논

남해는 일점선도一点仙島라고 불렸다. '한 점 신선의 섬'이란 뜻이다. 이름만으로도 짐작할 수 있듯 아름다운 풍광을 자랑한다.

남면에 위치한 다랭이마을은 108계단의 다랭이 논으로 이루어진 곳이다. 산비탈을 따라 680여 개의 논배미논두렁으로 둘러싸인 논 하나하나의 구역들이 이어진다. 선조들이 산간지역에서 벼농사를 짓기 위해 산비탈을 깎아 만든 것이 다랭이 논인데, 밭 갈던 소도 한눈을 팔면 가파른 절벽 아래로 떨어진다는 얘기가 있을 정도로 규모가 작다.

마을 어귀에는 암수바위라고 불리는 한 쌍의 바위가 있다. 남성과 여성을 상징한다. 아이를 못 낳는 여자가 이 바위를 보고 빌면 아들을 낳는다는 전설이 있다.

암수바위에서 바다쪽으로 향해 산책로가 만들어져 있다. 다랭이마을이 유명해지면서 해안가를 산책할 수 있도록 길을 조성해 놓은 것이다. 길을 따라 내려가면 짙푸른 에메랄드빛 바다를 가까이서 볼 수 있다.

TRAVEL NOTE

· 3월 초봄. 유채꽃이 필 때. 또는 7~8월 한여름.
· 남해는 국내에서 유일하게 죽방렴을 이용한 어업이 남아 있다. 죽방렴은 부채꼴 모양으로 나무말뚝을 쳐놓아 고기들이 한 번 들어오면 빠져나갈 수 없도록 한 일종의 '나무 그물'이다. 멸치잡이에 주로 쓰이는데, 죽방렴으로 잡은 멸치는 비늘이 상하지 않기 때문에 일반 멸치보다 비싼 값을 받는다. 현재 20여 개가 남아 있으며 창선대교 주변에서 많이 볼 수 있다.

봄날 스러 밟고

봄날 스러 밟고

여수 거문도 봄 트레킹

기와집 몰랑을 지나 거문도 등대에 닿는 길. 당신은 동백으로 낭자한 길을 따라가다 곧 바다를 양편에 두고 걷게 된다. 봄날의 호사.

3월, 봄을 가장 잘 감각하는 방법 가운데 하나가 거문도 트레킹을 하는 것이다. 양편에 바다를 끼고 걷는 환상적인 경험을 할 수 있다.

거문도 트레킹 코스는 다양하다. 가장 초보적인 코스는 고도 선착장에서 택시를 타고 포장도로가 끝나는 '목넘어'에서 내려 거문도 등대까지 걸어가는 길이다. 이 길은 걷기에 영 자신이 없거나 아이를 안고 가야 하는 아빠, 힐을 신은 여성분들에게 어울린다. 목넘어에서 등대까지는 약 1.5km. 왕복 1시간이면 충분한데다 길에는 넙적하고 평평한 돌이 깔려 있어 산책하듯 걸을 수 있다.

두 번째 코스는 덕촌마을 쪽으로 올라가 불탄봉~억새군락지~기와집 몰랑~신선바위~보로봉~365계단~목넘어~거문도 등대로 이어지는 코스다. 약 7km 정도로 4시간 30분 정도 걸린다. 이 길 역시 어려울 것 없다. 초반의 약 30분 정도만 언덕을 오르면 이내 능선을 타고 쭉 간다. 그다지 숨차지도 않아 운동화 차림에 물 한 병, 가벼운 간식 정도만 챙기면 충분히 걸을 수 있다.

세 번째 코스는 거문초등학교 서도분교에서 서도마을을 지나 녹산등대에 이르는 코스다. 이 코스는 거문도 북쪽을 걷는다. 거문도 등대가 섬의 남쪽 끝에 있는 등대라면, 녹산 등대는 거문도 북쪽을 밝힌다. 이 코스는 거문도 등대 가는 길과는 완전히 다른 감흥을 선사한다. 거문도 등대 가는

길이 울창한 숲과 동백터널을 지나는 반면 녹산 등대 가는 길은 탁 트인 초원을 가로지른다. 광활한 억새밭도 지나는데, 아무래도 이 코스는 봄보다 가을이 걷기에 제격이다.

삼호교를 건너자 마자 왼쪽의 해안도로를 따라 길을 잡는다. 바다에는 안노루섬, 밖노루섬, 오리섬이 사이 좋게 떠 있다. 길가에 화들짝 핀 유채꽃이 바람에 흔들린다. 새로 생긴 거제도 관광호텔 옆 다도해해상국립공원 분소 앞을 지나 곧장 숲으로 들어가면 사람 한 명이 걸어갈 만큼의 폭으로 닦여진 길이 나타난다.

숲에 들어서자 이내 어둑해진다. 사철나무며 돈나무 등 진초록의 활엽수들과 넝쿨식물들이 엉키고 설키며 빽빽한 숲을 이루고 있다. 완만한 오르막길을 십여 분 정도 오르자 동백길이 시작된다. 숲은 온통 동백천지라고 해도 과언이 아니다. 제 목을 꺾어 떨어진 동백이 누군가 일부러 흩뿌려 놓은 것처럼 낭자하다.

거문도 동백은 전체 수종의 70%에 달한다고 한다. 희귀종인 분홍 동백과 흰 동백도 있다. 11월부터 피기 시작해 2월 중순에 만개한다. 4월부터 지기 시작하는데, 4월말~5월초면 거문도 등산로는 붉은 동백으로 뒤덮인다고 해도 과언이 아니다.

잠시 숨을 고를 겸 나무둥치에 앉아 있는데 누군가 어깨를 툭 쳤다. 고개를 돌아보니 아무도 없었다. 누굴까. 발치에 떨어진 동백 한 송이를 보고서야 어깨를 두드린 건 동백이었음을, 봄이 툭 툭 내 어깨를 친 것이었음을 알았다. 발 끝에 구르는, 제 목을 통째로 분지르며 주저 없이 떨어져 내린 동백의 처연함 혹은 결연함이란. 소설가 김훈은 《자전거 여행》에서 이렇게 썼다.

동백숲 터널을 쉬엄쉬엄 오르다 보니 갑자기 하늘이 열리며 마른 억새 군
락이 나타났다. 그리고 펼쳐지는 광대한 풍경. 굽이치며 나아가는 아찔한
기암절벽 양편으로 일망무제의 바다가 펼쳐진다. 입술 사이로 가늘게 탄
성이 흘러나온다.

거문도 등대 방향으로 길을 잡아 불탄봉을 향해 걸어가면 거문도 트레킹
코스에서 최고의 경관을 보여주는 기와집 몰랑에 닿는다. '몰랑'은 산마
루를 뜻하는 전라도 사투리로, 기와집 몰랑은 바다에서 보면 이 능선이 기
와지붕 마루처럼 보인다고 해서 붙여진 이름이다.

기와집 몰랑에 서면 섬 끝에 거문도 등대가 서 있는 모습이 한 눈에 들어
온다. 구물구물 공룡의 꼬리처럼 이어지는 능선 끝에 흰 등대가 아스라이
서 있다. 등대는 1905년 세워져 첫 불을 밝혔다. 남해안 최초의 등대다. 지
금은 2006년 새로 지은 등대가 그 옆에서 불을 밝힌다. 34m 높이의 꼭대
기엔 팔각형 전망대도 설치되어 있다. 날씨가 맑으면 여기서 백도가 보인
다고 한다.

기와집 몰랑을 지나 신선이 내려와 매일 바둑을 두었다는 신선바위와 아
차바위를 지나면 길은 다시 동백숲으로 이어진다. 그리고 365계단이 나타
나는데 경사가 제법 심하다. 계단을 내려서면 시멘트길이 나오고, 이 길을

따라 바다를 가로지르는 나무계단을 따라가면 해발 128m의 수월산에 닿는다. 그러니까 거문도 등대는 수월산에 있는 셈이다. 멀리서 보면 서도와 수월산이 떨어져 있는 것 같지만 사실은 갯바위로 연결되어 있다. 이 갯바위가 바로 '목넘어'다.

목넘어에서 수월산 거문도 등대까지는 앞에서도 말했다시피, 산책코스다. 자연석을 깐 걷기 좋은 길이 이어진다. 이 길에도 동백꽃이 융단처럼 깔려 있다.

🎞 TRAVEL NOTE
· 4월초면 거문도에 동백이 흐드러진다.
· 거문도행 여객선이 여수연안여객선터미널(061-663-0116)에서 하루 두 차례(오전 7시40분, 오후 1시40분) 출발한다. 2시간20분 소요. 편도 배삯은 36,600원.

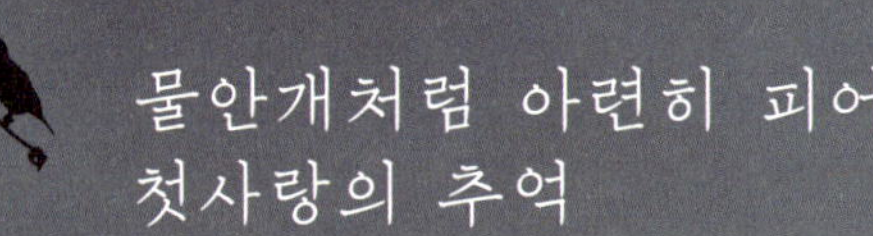

물안개처럼 아련히 피어오르는
첫사랑의 추억

| 춘천 소양호

물안개처럼 아련히 피어오르는
첫사랑의 추억

춘천은 이름 자체가 '바로 그곳'이다. 아직도 가보고 싶고, 가서 살고 싶어지고, 사랑해 마지않을 꿈속의 여인이 살고 있을 것만 같은 바로 그곳. 고향 같으면서도 고향 이상의 상상 속의 어여쁜 도시.

〈춘천은 가을도 봄이지〉란 시를 쓴 유안진 시인은 춘천이라는 도시를 두고 '사랑해 마지않을 꿈속의 여인이 살고 있을 것만 같은 바로 그곳'이라고 했다. 그의 말대로, 춘천은 그럴 것 같다. 춘천에 가면 몇 시절 내내 그리웠던 누군가를 어느 골목 모퉁이에서 문득 만나게 될 것만 같고, 안개 가득한 호숫가 찻집에서 그 사람과 말없이 차 한잔 나누는 것만으로도 가슴 한켠에 켜켜이 쌓인 상처가 말끔히 치유될 것만 같다. 춘천에 가면 정말로 그럴 것 같다.

그래서, 겨울 어느 날 춘천엘 갔다. 어두컴컴한 새벽에 길을 나섰다. 차에 설치된 온도계는 영하 17도를 가리키고 있었다.

춘천IC에 내려서자 동이 터 왔다. 핸들을 돌려 곧장 소양호로 향했다. 날씨가 차니 해 뜰 무렵이면 호수는 뭉게뭉게 피어 오르는 안개로 가득할 것이었다. 첫사랑처럼 아련한, 희미한, 애틋한 물안개, 그 물안개가 보고 싶었다.

춘천은 '안개 도시'다. 연중 250일 이상 안개가 핀다. 새벽녘이면 소양호와 의암호, 춘천호에서 쏟아져 나온 안개가 도시로 밀려든다. 안개는 길을 지우고, 사람을 지우고, 키 큰 포플러나무를 지운다. 1970~80년대 청춘을 보낸 중년들이 춘천을 가장 낭만적인 여행지로 기억하고 있는 까닭은 아마도 춘천의 안개 때문이었는지도 모르겠다. 경춘선 열차를 타고 춘천역에 내린 연인들은 서로의 손을 잡고 몽환 같은 안개 속으로 도망치듯 걸음을 옮겼으리라.

소양호의 거대한 담수량이 만들어내는 겨울 안개는 두텁다. 일교차가 큰 가을 무렵이면 한치 앞이 보이지 않는다. 요즘 같은 겨울철은 차가운 수면을 어지럽히는 물안개가 핀다. 분분이 피어 오르는 안개 속으로 물오리가 떼를 지어 유영하고 수초는 희디 흰 서리꽃을 덮어 쓴다. 이런 꿈결 같은 풍경은 오직 춘천에서만 볼 수 있다. 물안개를 가장 잘 볼 수 있는 곳은 소양5교다. 전망대도 만들어져 있다.

오전 7시. 호수 옆 비포장도로는 이미 사진작가들의 차들이 늘어서 있다. 2월 무렵이면 상고대를 찍으려는 작가들로 소양호의 아침이 분주하다. 숨을 쉴 때마다 새하얀 입김이 뿜어져 나온다. 아침 햇살이 수면 위로 사금파리처럼 뿌려지고 우유빛 안개가 피어 오른다. 햇살과 안개가 뒤섞여 호수는 어지럽고 어렴풋하다.

어쩌면 우리 기억 속의 첫사랑이 이런 모습일지도. 오직 잔상으로만 남아 있는, 손에 잡힐 듯 잡히지 않는 물안개 같은 풍경. 추위 때문인지, 아니면 추억 때문인지 잠시 콧등이 시큰하다.

TRAVEL NOTE
· 12~2월 일교차가 크고 맑은 날이면 물안개를 볼 수 있다.
· 인터넷에서 '춘천 소양호 물안개'를 검색하면 출사 포인트를 찾을 수 있다. 되도록이면 서두르는 것이 좋다. 새벽부터 사진작가들이 몰려든다. 삼각대와 방한복은 필수.

복잡다단한 피곤쯤이야
바람에 날려 보내지

소쇄원은 조선시대 문인 양산보[1503~1557]가 일군 곳. 양산보가 스승인 조광조의 실권 이후 덧없는 세상에 환멸을 느끼고 낙향해 만들었다는 이곳은 '한국 최고의 정원' 이라는 수식어가 부족하지 않을 정도로 아름다운 풍광을 자랑한다. 소쇄[瀟灑]는 '깨끗하고 시원하다' 는 뜻이다.

소쇄원의 입구는 대숲이다. 대숲을 통과하면 자그마한 계곡을 끼고 얌전하게 들어선 정자 세 채, 외나무 다리, 두 개의 연못이 보인다. 소쇄원은 크게 네 구역으로 구분된다. 정원의 입구 격인 대나무 숲길을 따라 들어서면 짚으로 지은 정자 '대봉대' 를 시작으로 소쇄원의 중추를 이루는 '광풍각', 집주인 양산보가 사색과 독서를 위해 즐겨 찾았다는 '제월당' 이 차례로 모습을 드러낸다.

특히 사랑방 역할을 했던 광풍각은 정철의 〈성산별곡〉, 송순의 〈면앙정가〉 같은, 시가 문학의 대표작이 태어난 곳으로도 유명하다. 이밖에도 내원을 감싼 돌담이나 계곡을 감상하기 좋은 '애양단', 넓은 암반이 있는 '오곡문' 등 어느 것 하나 무심히 지나칠 곳이 없다.

소쇄원은 맑고 화창한 날에 찾아도 좋지만 그 정수를 제대로 만끽하려면 비오는 날이 제격이다. 소쇄원의 소[瀟]자에 '빗소리' 라는 뜻이 담겨 있는 것에서도 알 수 있듯이 말이다.

제월당 아래 마루에 앉아 처마 끝을 따라 떨어지는 빗줄기를 보노라면 복잡다단한 속세의 피곤쯤은 금세 자취를 감출 것만 같다. 이곳을 찾는 그 누구라도 풍류 시인으로 만들어줄 것 같은 단아한 자태가 우리를 유혹한다. 소쇄원은 현대 건축가 김수근이 한 달을 머물며 한국미의 뿌리를 찾았다고 할 만큼 조형미가 빼어난 곳이기도 하다.

대개 여행은 맑고 화창한 날이 어울리지만 담양 여행은 날씨가 흐려도 좋다. 흐린 날 우수수 대나무숲을 훑고 가는 바람소리는 색다른 맛을 전해준다. 행여 소쇄원에 들렀을 때 가벼운 봄비라도 내린다면 정자에 앉아 비 내리는 소쇄원을 바라볼 일이다. 빗소리, 바람소리, 댓잎 비비는 소리가 어우러져 운치를 더한다.

TRAVEL NOTE
· 사계절 어느 때나 좋지만 더욱 좋은 때는 아무래도 가을빛에 물드는 10월이 아닐까.
· 금성산성에도 가보자. 이 좁은 땅에도 이렇게 웅장한 산성이 있다는 것을 알게 해주는 산성이다. 장성의 입암산성, 무주의 적상산성과 함께 호남의 3대 산성 중의 하나로 손꼽힌다. 지금도 동서남북의 성문과 성벽은 거의 그대로 남아 있다. 소쇄원(www.soswaewon.co.kr, 061-382-1071) 입장료는 어른 1,000원, 청소년 700원, 어린이 500원. 오전 9시~오후 6시까지 개방한다. 죽녹원식당(061-382-9973)의 대통밥이 맛있다. 담양의 대통밥 식당들은 대나무통을 재활용하지 않는다. 담양 가까운 창평의 국밥도 먹어보자. 원조창평시장국밥(061-383-4424)이 유명하다.

광활한 갈대밭,
가을은 황금빛으로 깃들다

광활한 갈대밭,
가을은 황금빛으로 깃들다

순천만을 처음 찾은 것은 1998년이었다. 철새 취재차 갔다가 거대한 갈대밭에 그만 마음을 뺏기고 말았다. 새벽 안개가 점령한 우윳빛 갈대밭은 김승옥의 소설《무진기행》에 나오던 그대로였다.

무진에 명산물이 없는 게 아니다. 나는 그것이 무엇인지 알고 있다. 그것은 안개다. 아침에 잠자리에서 일어나서 밖으로 나오면, 밤사이에 진주해 온 적군들처럼 안개가 무진을 뼁 둘러싸고 있는 것이었다. 무진을 둘러싸고 있던 산들도 안개에 의하여 보이지 않는 먼 곳으로 유배당해 버리고 없었다. 안개는 마치 이승에 한(恨)이 있어서 매일 밤 찾아오는 여귀女鬼가 뿜어 내놓은 입김과 같았다.

이후 해마다 순천만을 찾았던 것 같다. 그리고 그 동안 순천만의 모습도 많이 바뀌었다. 한때 마구잡이로 식당이 들어섰고 술 취한 관광객으로 어수선했던 갈대밭은 깨끗하게 정비됐다. 자연생태관이 들어섰고 갈대밭에는 친환경 탐방로가 조성됐다. 그러다보니 관광객도 늘어났다. 2006년만 해도 순천만을 찾는 관광객은 70만 명이었지만 2011년에는 300만 명을 넘어섰다.

순천만을 찾아오는 철새도 늘었다. 2011년 452마리가 목격된 순천만 흑두루미는 90년대만 해도 100마리 정도가 전부였다. 2007년 254마리로 증가했고, 지난해엔 361마리가 관찰됐다. 흑두루미는 세계에서 9,000여 마리밖에 없다. 지금 순천만엔 철새 230여 종이 날아들고, 식물 130여 종이 서식한다.

순천만을 여행하는 첫 걸음은 대대포구에서 시작한다. 이곳에 순천만 자연생태공원이 자리잡고 있다. 갯벌과 철새에 관한 다양한 전시물과 영상물 등을 볼 수 있는 곳이다. 아기자기한 체험시설이 많은데다 갯벌과 갈대, 습지에 대한 기본적인 지식을 갖출 수 있어 순천만을 탐방하기 전 돌아보면 좋다.

자연생태관을 나서면 본격적인 갈대숲 탐방이 시작된다. 순천만 갈대밭을 여행하는 방법은 여러 가지가 있는데, 가장 일반적인 방법은 걷기다. 갈대숲 사이를 걸어갈 수 있는 산책용 데크가 만들어져 있어 힘들이지 않고 광활한 갈대밭 트레킹을 즐길 수 있다. 생태체험선을 타고 연안습지를 만날 수도 있다. 순천만에 대한 친절한 설명을 들으며 순천만 앞바다까지 나갔다가 돌아오는 코스로 왕복 약 35분 정도가 소요된다. 갈대열차를 타고 갈대밭 사이로 펼쳐진 뚝방길을 다닐 수도 있고 자전거를 타고 대대포구 주변 둑길을 돌아보는 방법도 있다.

이왕 순천만에 갔다면 용산전망대에 올라볼 것을 권한다. 용산은 용이 하늘로 오르다 순천만 풍광에 반해 머물렀다는 전설이 전해지는 야트막한 산이다. 갈대밭 탐방로가 끝나는 지점에서 약 1km만 더 걸으면 전망대 정상에 닿을 수 있는데, 이곳에 서면 둥근 갈대군락들 사이로 S자를 그리며 미끄러져 나가는 물길을 볼 수 있다. 해질 무렵이면 수많은 사진애호가들이 순천만의 낙조를 담기 위해 찾는 촬영포인트이기도 하다.

· 갈대꽃이 피는 10월 중순 이후가 가장 아름답다.
· 순천만의 별미는 짱뚱어다. 짱뚱어는 미꾸라지와 비슷하게 생겼다. 청정 갯벌에서만 산다. 짱
뚱어를 된장을 푼 물에 시래기, 호박, 무를 넣고 끓어 탕으로 즐겨 먹는다. 짱뚱어는 갈지 않고
통째로 넣는다. 비린내가 전혀 나지 않아 처음 먹는 사람도 거부감이 없다. 속살은 부드럽다 못
해 촉촉하다. 들깨 향이 향긋하게 우러나는 국물 맛은 개운하다. 장어도 유명하다. 대대포구 앞
에 장어구이집이 많다. 순천만 갯벌장어는 흙냄새와 비린내가 전혀 없고 육질이 쫄깃하다. 지방
이 적어 기름기 많은 양식 장어에 소화불량을 일으키는 사람이라도 부담 없다. 짱뚱어탕은 순천
만에 위치한 순천만가든(061-741-4489)이 유명하다. 장어는 대대포구에 자리한 강변장어구이
집(061-742-4233)과 대대선창집(061-741-3157)이 잘한다.

고백하기 좋은 길
아산 곡교천변길

900

바람이 불 때마다 노란 은행잎이 후두둑 떨어진다. 음표처럼 잠시 허공에 머물렀다가 지상으로 내려앉는다. 아이들은 땅바닥에 수북하게 쌓인 은행잎을 뿌리며 즐겁게 뛰어다닌다. 연인들은 팔짱을 끼고 다정스럽게 걷는다. 은행나무 길은 아름답고 그 길 위를 걷는 사람도 아름답다.

충남 아산 현충사 가는 길. 넓고 깊은 은행나무 길이다. 길이로 따지면 2~3km 남짓. 차로 쌩-하고 달리면 5분이면 지나칠 길이다. 하지만 현충사 길이 주는 행복감은 아득할 정도로 크다. 높이 10m를 훌쩍 넘는 아름드리 은행나무들이 2열 종대로 울창하게 우거져 있다. 나무와 나무의 가지가 맞닿아 터널을 이루고 있다.

10월말이면 길은 온통 노란빛으로 물든다. 차를 몰고 길을 따르다보면 은행나무 잎이 차창으로 비처럼 쏟아진다. 천국으로 가는 길이 있다면 아마도 이런 풍경일까. 곡교천변을 따라 현충사에 이르는 이 길은 2000년과 2001년에 산림청이 주최한 '아름다운 숲 전국대회'에서 2년 연속 우수상을 수상했다. 은행나무 터널에 한 번 빠져 들어가보면 상을 받은 이유에 대해 고개를 끄덕이게 될 것이다. 길은 현충사 앞까지 이어지는데, 현충사 앞의 은행나무들도 예쁘다.

사랑을 고백하고 싶은 대상이 있다면 이 길을 함께 걸어보시라. 곡교천변에서 피어 오른 물안개가 은행잎을 적시는 새벽이어도 좋고, 가을 햇살 환한 한낮도, 은행나무 그림자가 길어지는 저물 무렵도 좋다. 사랑이란 것이 누가 알아주는 게 아니다. 말하고 고백해야 안다. 고백하지 않는 사랑은 사랑이 아니다. 때로는 단도직입적으로 뚜벅뚜벅. 난 널 사랑해.

📷 TRAVEL NOTE

· 10월 중순이 지나야 은행나무가 노란빛으로 물든다.
· 은행잎이 물들 때면 전국에서 사진작가들이 몰려들어와 진을 친다. 하지만 차들이 달리는 국도변이라 차를 대고 사진을 찍기에는 약간 위험할 수도 있다. 주변 주차장에 차를 세우고 걸어다니는 것이 안전하다. 마을버스가 제법 빈티지스러운데, 버스를 화면에 담아보는 것도 좋을 듯싶다.

오래된 시간을 걷다

| 대구 진골목 도보여행

대구에 가보는 건 어떨까. 세계육상선수권대회가 열렸던, 분지지형이라서 여름엔 무지 덥고 겨울엔 무지 춥다고 배웠던 그 도시. 춘천도 아니고 강릉도 아니고 해남도 아니고 부산도 아닌 대구. '대구로 여행간다' 라는 문장이 어딘지 모르게 어색하긴 하지만 그래도 한 번 가보자. 꽤 볼 만한 곳들이 많다. 진골목에서 시작해 청라언덕에 이르는 걷기 코스다. 요즘은 보기 드문 옛날 골목 풍경이 고스란히 남아 있다.

서울역에서 KTX를 타고 1시간 40분을 가면 동대구역이다. 대전을 지나 한숨 까무룩 졸면, 이어폰을 끼고 좋아하는 앨범을 한 바퀴 들으면, 소설책 반쯤 읽으면 도착한다. 동대구역에서 지하철을 타고 반월당 네거리에서 내린다. 대형 쇼핑센터와 백화점이 들어선 이곳은 대구의 최고 번화가다. 대구 걷기 여행은 이곳에서 시작한다.

반월당 네거리에서 한일극장 쪽으로 걷다 중앙시네마 옆 조그만 골목으로 들어서면 붕붕거리던 도시의 소음이 일순간 모두 사라진다. 시간은 20년 정도 되돌아간 것 같다. 붉은 벽돌을 쌓은 담장이 이어지고 약간 촌스런 서체의 아크릴 식당간판이 어지럽다. 중절모를 쓴 노인들이 느린 걸음으로 골목을 지난다. 이 골목의 이름은 진골목. 고층빌딩에 둘러싸인 이곳은 마치 섬처럼 무심하게 떠 있다.

'진골목' 이라는 이름은 '긴 골목' 을 뜻하는 경상도 사투리다. 경상도에서는 '길다' 를 '질다' 로 발음하는데 이 때문에 '긴 골목' 이 '진 골목' 으로 불리어지게 됐다. 하지만 이름만큼 길지는 않다. 고작해야 100m 남짓 될까. 한때 대구 최고의 부자였던 서병국을 비롯해 코오롱 창업자 이원만,

정치인 신도환, 금복주 창업자 김홍식 등이 이곳에 모여 살았다. 하지만 세월이 흘러 그들은 떠났고 고래등 같던 대저택들은 요정과 술집 골목으로 변했다가 지금은 숯불갈비집으로 보리밥집, 아구찜집, 한방백숙집 등으로 다시 변했다.

그나마 옛 모습을 지키고 남아 있는 집이 정소아과다. 붉은 벽돌담이 이어지는 구불구불한 진골목을 따라 걷다 보면 '정 소아과의원' 이라는 간판을 단 2층집을 만날 수 있다. 현존하는 대구 최고最古의 양옥건물이다.

진골목을 빠져나오면 약전골목이다. 조선 효종 때부터 봄과 가을로 나눠 약령시가 열렸던 곳이다. 지금도 100곳 가까운 약업사가 몰려 있다. 약전골목을 나와 대로를 따라 걸으면 운치 있는 성당과 만난다. 계산성당이다. 프랑스 선교사 로베르가 설계한 것으로 서울, 평양에 이은 세 번째 고딕양식의 성당이다. 서울 명동성당을 지었던 중국인들이 내려와 1902년 지었다고 한다.

성당 맞은 편으로 우뚝 솟은 첨탑이 보인다. 대구제일교회다. 교회 뒤편이 청라언덕. '청라언덕과 같은 내 맘에 백합 같은 내 동무야' 라는 노래 〈동무생각〉의 무대가 됐던 곳이기도 하다. 언덕으로 올라가는 길은 3.1운동길이다. 1919년 1,000여 명의 학생들이 이 길을 통해 서문시장으로 나가 독립만세를 외쳤다. 계단이 모두 90개여서 일명 90계단길로도 불리며 〈운수좋은 날〉, 〈빈처〉를 쓴 소설가 현진건이 자주 산책하던 곳이라고 해 〈현진건길〉이라고도 불린다.

청라언덕에 오르면 동화 속에나 나올 법한 예쁜 집이 세 채 서 있다. 대구시 유형문화재로 지정된 선교박물관, 의료박물관, 교육역사박물관이다.

미국 선교사들의 사택으로 지어졌는데 대구 최초의 서양식 건물이기도
하다. 아름다운 스테인드글라스와 수령 70년이 넘는 사과나무, 정갈하게
꾸며진 정원이 어울려 이국적인 풍광을 빚어낸다. 대구 최고의 웨딩촬영
명소기도 하다.

오래된 골목을 걸으며 슬렁슬렁 한나절을 보내다보니, 눈부신 하늘을 멍
하니 바라다보니 어쩌면 이 모든 일이 우리가 잘 살고 있는 증거라도 되
는 양 기쁘고 기껍다. 그러면서 우리네 일상이 아무리 다급하더라도 이런
느린 시간을 확보해야 되지 않을까 하는 생각도 넌지시 가져본다. 어느 여
행자의 말대로, 우리가 스스로 살아간다는 실감을 얻을 수 있는 곳은 사무
실이 아니라 나무 아래인 것이고, 소중한 것을 깨닫는 장소는 언제나 컴퓨
터 앞이 아니라 파란 하늘 아래니까.

TRAVEL NOTE
· 3~5월, 9~10월이 대구를 여행하기 가장 좋다.
· 계산성당 옆에 다리를 쉬어갈 만한 곳이 있다. 매일신문 건물에 자리한 '커피명가'다. 커피명
가(053-254-0892)는 '밝은 생각을 하는 커피집'이라는 뜻. 진하면서도 향긋한 에스프레소가
일품이다. 신선한 원두를 그때그때 로스팅한 후 갈아 뽑아내기 때문에 아린 맛이 없고 향이 진
하다.

조금만 느리게 느리게

사람들은 섬진강 여행지하면 으레 하동 쌍계사와 구례 화엄사를 떠올린다. 많은 여행자들이 구례~하동 구간만 보고는 섬진강을 다 봤다고 하지만 곡성 역시 이들 지역 못지 않다. 1970년대까지만 해도 전라도 사람들에게는 섬진강 유원지라고 하면 곡성의 압록을 뜻할 정도였다. 봄이면 강가로 몰려나와 은어도 잡고 참게도 잡으며 한나절을 보내곤 했다. 지금도 압록 유원지 주변에는 은어횟집과 참게장집이 늘어서 있다.

요즘 여행자들은 기차를 타러 곡성에 온다. 칙칙폭폭 새하얀 수증기를 내뿜으며 달리는 증기기관차다. 곡성역에서 약 1km 떨어진 곳에 옛 곡성역이 있는데 이곳에 가면 새까만 증기기관차를 실제로 타볼 수 있다.

옛 곡성역은 1933년, 일제 강점기에 세워졌다. 익산역에서 출발해 여수역까지 이어지는 전라선의 한 역이었다. 전라도의 곡식을 실어가기 위해 만든 역이라고도 하고 섬진강 고운 모래를 실어가기 위해 만든 역이라고도 한다. 역 앞에는 일본인이 쓰던 양곡창고가 여전히 남아 있다. 한때 '곡식 곡穀'자를 써 곡성을 표기했다니 얼마나 땅이 비옥하고 물산이 풍부했는지 짐작해볼 수 있다.

1999년 곡성역은 곡성읍으로 자리를 옮겼다. 옛 곡성역은 폐선된 철로와 함께 철거 위기에 놓였지만 다행히 곡성군이 철도청으로부터 자산을 매입해 곡성~가정 구간에 증기기관차를 다니게 했고, 지금은 섬진강 기차마을이라는 이름으로 다시 태어났다.

증기기관차는 옛날 그대로다. 1960년대 실제 운행되던 것을 그대로 재현

해냈다. 비록 3칸짜리에다 석탄이 아닌 경유를 사용해 달리지만 기차가 내달릴 때면 하얀 연기가 기차 굴뚝에서 피어 오른다. 열차의 등받이를 한쪽으로 젖히면 4명이 앉을 수 있는 의자도, 위아래로 밀어서 닫는 미닫이 창문도 그대로다.

기차는 하루 5차례 운행한다. 전라선 복선화 공사로 폐선이 된 옛 곡성역에서 가장역까지의 10km 구간을 시속 30km 남짓한 속도로 달린다. 왕복에 걸리는 시간은 1시간 10분 정도다.

덜컹덜컹 기차가 움직이기 시작하면 객차 안은 시끌벅적해진다. 저마다 사진을 찍고 창문 가까이 눈을 대느라 부산을 떤다. 창 밖으로 아름다운 섬진강 물길이 훤히 내다 보인다.

기차 안에서 바라보는 섬진강은 또 다른 모습이다. 느릿느릿 산모퉁이를 돌 때마다 슬라이드 필름이 넘어가듯 사방에 봄 기운을 퍼뜨리고 있는 강 풍경이 펼쳐진다. 기차에서 바깥 풍경을 관람하기 가장 좋은 곳은 기차와 기차 사이의 난간. 이곳에 서면 따스한 봄바람이 목덜미를 간지럽힌다.

차창 밖 풍경에 감탄하다 보면 기관차는 어느새 종착역인 가정역에 도착한다. 30분 정도 걸린다. 역 앞에는 섬진강을 가로지르는 현수교가 놓여 있다. 샌프란시코의 금문교를 닮은 것 같기도 하다. 바람이 불 때마다 흔들거려서 '흔들다리' 또는 '구름다리'로도 불린다.

열차는 가정역에서 30분 정도 정차한 후 기차마을로 다시 돌아간다. 하지만 곧바로 돌아가지 말고 자전거 하이킹을 해보는 것도 좋을 듯. 현수교를 지나면 자전거 하이킹 코스가 나오는데, 강물의 흐름에 속도를 맞춰 페달을 굴리다 보면 지금껏 우리가 보지 못하던 섬진강 풍경을 만날 수도 있다.

기차를 타보면 사람에게는 느림을 즐기는 유전자가 있다는 생각이 든다. 다만 우리가 그 유전자를 애써 무시하고 억누르는 것이 아닐까. 사실, 돌이켜보면 우리가 행했던 모든 일의 대부분이 하루 이틀쯤 늦었다고 크게 달라질 건 없었던 것들이었다.

로마네스크 양식의 아름다운 성당

전주 한옥마을 입구 경기전 맞은편에 자리하고 있다. 1914년 보두네 신부가 지었다. 설계는 서울 명동성당을 설계했던 포와넬이 맡았다. 성당의 기초는 전주 시내 성문과 성벽이 헐리면서 나온 돌과 흙을 사용했다고 한다.

구한 말 천주교에 대한 탄압이 극심하던 때, 전주는 호남 지역 천주교도들의 중심지였다. 전동성당이 선 자리는 한국 최초로 종교적 신념을 지키기 위해 순교한 윤지충과 권상연을 기리기 위해 이들이 피를 흘린 순교터에 세워졌다.

비잔틴풍의 로마네스크 양식으로 지어진 성당은 참 예쁘다. 한국에서는 만날 수 없는 이국적인 멋을 지닌 까닭에 한국여행지를 알리는 광고에 많이 등장했다. 영화 〈편지〉의 촬영지이기도 하다.

성당에 들어서면 마음이 차분해지고 다정해진다. 보호받고, 배려받고 있다는 기분이 든다. 흙투성이 감자바구니 속, 지퍼백에 담긴 오이가 된 것 같은 그런 기분이 든다.

무신론자이지만 슬그머니 두 손을 모으게 된다. '부탁 하나만 드릴께요. 뭐, 대단한 건 아니구요. 더 이상 나빠지지만 않게 해주세요. 그거면 충분해요. 열심히 노력하고 있잖아요.'

· 전동성당은 사계절 어느 때나 아름답다.
· 전주의 대표음식이라면 단연 비빔밥. 비빔밥은 전주와 진주, 해주의 것이 유명한데, 이 중에서
도 전주비빔밥은 한 단계 높은 자리를 차지해 평양의 냉면, 개성의 탕반과 함께 조선시대 3대
음식의 하나로 꼽히기도 했다. 놋쇠 대접에 담긴 흰밥과 그 위에 그림처럼 올린 선홍빛 육회, 아
삭한 콩나물, 얌전하게 부친 황백지단과 치자 물들인 청포묵 등을 보고 있노라면 비비기가 아깝
다는 생각이 들 정도다. 콩나물과 밥을 넣고 갖은 양념을 곁들인 전주콩나물국밥은 담백하고 얼
큰하면서도 산뜻한 맛이 특징. 애주가들의 해장거리로 사랑받고 있다. 또 콩나물국밥과 함께 곁
들여 마시는 모주는 막걸리와 한약재, 흑설탕을 넣고 끓여 텁텁하면서도 달콤한 맛을 낸다. 남부
시장 근처에 콩나물국밥거리가 있다. 전주비빔밥은 성미당(063-284-0029)과 가족회관(063-
284-2884) 등이 유명하다. 콩나물국밥은 삼백집(063-284-2227)과 왱이집(063-287-6980) 등
이 전통 있는 집으로 꼽힌다.

제주에서 가장 아름다운 오름

제주에서 가장 아름다운 오름

서귀포시 표선면 가시리에 자리잡은 따라비오름. 이 오름의 높이는 342m, 실제 오르는 높이는 100m가 좀 넘는다. 한 바퀴 돌고 내려오는 데 2시간이면 넉넉하다. 따라비란 이름은 오름 동쪽에 모지어머니오름, 장자 큰아들오름, 새끼오름 등이 서로 따르는 모양이라 이렇게 부른다고 한다.

철조망을 지나 오름 안으로 들어가면 나무 계단으로 된 오름 트레일이 보인다. 초입의 숲 부분을 지나면 억새로 뒤덮인 민둥오름이라 시야가 환하다. 나무 계단을 따라 20여 분 오르면 정상에 도착하는데 멀리 태흥리와 남원리 바다가 아스라하다.

정상에 서면 밑에서 보던 것과는 딴판이다. 따라비오름은 분화구가 셋. 커다란 원형 분화구 안에 3개의 작은 화구를 가진 특이한 형태다. 그리고 3개의 화구는 온통 풀밭에 뒤덮인 능선으로 이어져 있다. 시계 방향으로 돌면서 펼쳐진 조망을 감상하면 된다.

첫 봉우리에 올라서면 동쪽 가까이 보이는 것이 모지오름이다. 그 뒤로 한라산이 살짝 보인다. 멀리 우도도 바라보인다. 구좌읍 송당 일대의 높은오름, 백약이오름, 동검은오름, 좌보미오름 등이 어울려 빚어내는 스카이라인도 아기자기하다.

📷 TRAVEL NOTE
· 5월도 좋고 억새가 흔들리는 10월도 좋다.
· 따라비오름은 서귀포시 표선면 성읍리에 있다. 동부산업도로를 따라가다 가시리 사거리에서 성읍리 쪽으로 100m쯤 가다 좌회전해 2.8km쯤 농로를 따라가면 따라비오름 입구다.

돌담에 속삭이는 햇살같이

돌담에 속삭이는 햇살같이

〈모란이 피기까지는〉으로 잘 알려진 시인 영랑 김윤식은 우리나라의 대표적인 서정 시인이다. 47년간의 짧은 생애 동안 그가 남긴 시는 모두 87편.

영랑생가는 문간채와 안채, 사랑채로 이루어져 있다. 사랑채 뒤편에는 동백나무가 빽빽하다. 문간채 왼쪽 세로로 놓인 사랑채는 영랑의 집필실이다. 사랑채 툇마루 앞에는 감나무, 보리수, 송악덩굴, 백일홍 나무가 심어져 있다. 300년이 넘었다는 은행나무도 있다.

툇마루에 앉는다. 아마 영랑도 여기 이 자리에 앉아서 시를 썼을 것이다. 마당에 내려앉는, 장독대에 폭포처럼 흘러내리는, 돌담 아래에 고여 있는 햇빛을 바라보며 시상을 떠올렸을 것이다. 돌담을 따라 거닌다. 발 끝에, 돌담에, 가슴 한 켠에 햇볕이 어룽댄다. 봄 햇빛은 맑고 투명하고 눈부시다.

모란이 필 무렵도 좋지만, 개인적으로 가장 좋아하는 때는 3월말 또는 4월초 동백꽃이 떨어질 무렵이다. 생가 뒤뜰에 동백나무가 가득 심어져 있는데, 떨어진 동백으로 낭자하다. 발 디딜 틈이 없다. 요맘때, 다산초당~백련사~영랑생가 코스로 강진여행 코스를 짜면 눈이 호사를 누린다.

정자 위 여름 한 나절
심사가 여유롭다

밀양강변을 바라보며 서 있는 영남루. 진주 촉석루, 평양 부벽루와 함께 우리나라 3대 누각으로 일컬어지는 곳이다. 정면 5칸, 측면 4칸에 팔작 지붕을 올린 누각이다. 조선 후기의 대표적인 목조 건물인데 건물 내부에는 당대 명필가와 대문장가들의 시문현판들이 즐비하다.

새벽녘 영남루에 앉는다. 영남루 앞을 유유히 흐르는 밀양강은 운무를 가득 피워 올린다. 문득 설문우의 〈여흥의 청심루에서 읊은 노래〉가 떠오른다.

만경 삼라를 손가락으로 헤어 볼까 / 누각 올라 나도 몰래 머리를 드니 / 장강은 서로 달려 창해에 닿고 / 북쪽 산은 내려와 낮은 뫼를 애웠네. / 투망에 고기들은 찬비 맞아 파닥이고 / 얼빠진 해오라기 안개 속에 졸고 섰네. / 한평생 명예욕은 모두 벗어 던지고 / 연꽃 밭에 낚시질로 한가로이 지내리라.

이만하면 충분하지 않은가. 대여섯 칸의 작은 공간이면 여름 한 나절을 보내는 마음이 흡족할 뿐이다.

폭죽이 터지듯 만발하는 봄

광양 매화마을

경칩 지난 지 오래. 그 사이 봄을 시샘하듯 한 바탕 큰 눈이 내리고 유난스러운 황사가 두어 차례 지났다. 이제는 바야흐로 봄, 봄이다. 남도 섬진강 자락에서는 화신이 뭉게뭉게 피어 올랐다. 붉고 흰 매화가 꽃망울을 폭죽처럼 터뜨렸다고 했다.

거문도 동백에서 시작된 이 땅의 봄은 섬진강변 백운산 자락의 광양시 다압면에서 화장을 바꾼다. 3월 중순이면 강변마다, 산기슭마다 매화가 환하게 핀다. 바람이라도 불면 꽃비가 우수수 쏟아져 내린다. 봄을 만나러 섬진강을 따라 구례, 하동을 지나 광양으로 간다.

하동 지나 광양 가는 길, 가끔씩 차를 세우고 강변을 바라본다. 길에는 미루나무가 아득하게 서 있고 솔숲 사이로 흐르는 작은 강에는 징검다리가 놓여 있다. 갈대숲 사이에서는 오리떼가 푸드득 날아오른다. 버들강아지는 붉은 꽃을 피워 물고 봄바람에 흔들린다. 구례를 지나며 강폭은 넓어진다. 4월이 되면 수많은 아낙들이 몰려나와 반짝이는 봄햇살 아래서 재첩을 캘 것이고 수면 위로는 은어가 솟구칠 것이다.

광양에서도 매화로 유명한 곳은 청매실농원이다. 10만 평 산자락 전체에 매화나무가 심어져 있다. 3월초부터 꽃이 피고 중순이면 만개한다. 해마다 3월 중순 무렵이면 작가들, 답사단체, 이름 깨나 알려진 명망가들, 봄나들이 온 사람들로 한바탕 홍역을 치른다.

입구를 지나 오른편 언덕길로 올라가 모퉁이를 돌면 꽃밭이 펼쳐진다. 골짜기를 가득 메운 봄! 매화는 산등성 위까지 가득 덮고 있다. 오솔길을 따라 걷다보면 눈부시게 흰 청매, 붉고 붉은 홍매 등 여러 매화를 만난다. 사진 찍기 좋은 곳은 두 군데. 오솔길 모퉁이에 있는 낡은 정자 부근과 10분 정도 걸어 올라가면 나오는 청매밭이다.

청매실농원이 더 아름다운 이유는 매화나무 아래 푸른 보리밭 때문이다. 푸른 보리밭과 새하얀 매화나무가 어울려 빚어내는 풍경은 한 폭의 그림처럼 아름답다. 매실농원 앞마당에 줄지어 늘어선 3,000개가 넘는 매실 장독도 청매실농원 아니면 쉽게 보지 못할 풍경이다.

사람들은 매화나무 아래에 앉아 매화음을 즐기고 사진을 찍느라 바쁘다. 슬쩍 돌아보면 한 시간 안 걸릴 규모지만 사람들은 꽃그늘을 찾아 이리저리 몰려다니며 하루 종일을 보낸다.

이리저리 걸으며 매화를 즐기는 일도 좋지만 올해에는 솜뭉치 같은 매화를 부러질 듯 매단 매화나무 가지 아래에 앉아 보시라. 매화숲에 앉아 있으면 세상시름이 꽃바람에 흩어진다. 가난한 살림에서도 단원 김홍도가 매화나무를 왜 샀는지 알게 될지도 모를 일이다. 아침저녁으로 끼니 걱정을 해야 할 정도로 살림이 어려웠다는 단원은 어느 날 그림을 팔고 그 값으로 3,000냥을 받았다. 그 중 2,000냥으로 매화나무를 사고 남은 돈 가운데 200냥은 양식을, 나머지 800냥은 친구들을 불러 술잔치를 벌였다고 한다. 이를 매화음梅花飮이라고 했다. 매화나무 아래 매화의 그윽한 향기를 맡으며 마시는 술을 일컫는다.

봄바람이 불면 매화는 순식간에 비처럼 쏟아져 내린다. 꽃비가 우수수 내릴 때쯤이면 산에는 앵두가 발갛게 익고 100리길 양 옆에 심은 벚꽃이 화들짝 핀다. 섬진강의 봄은 그렇게 오고 무르익는다.

TRAVEL NOTE
· 해마다 3월이면 매화가 만발한다.
· 대전·통영고속도로를 타고 진주분기점에서 남해고속도로 순천 방면으로 가다가 옥곡IC에서
빠진다. 2번 국도와 만나 하동 섬진강다리 앞에서 861번 도로를 타고 섬진강을 따라 올라가면
매화마을과 만난다.

걷다보면 정갈해지는 마음
횡성 풍수원성당

풍수원성당은 한국인 신부가 지은 최초의 성당이자 한국에서 네 번째로 들어선 성당이다. 건물은 고딕양식으로 아담하게 지어졌다. 성당은 지은 지 100여 년이 지났지만 지금도 하나도 변하지 않은 듯 보인다. 성당 내부는 단출하면서도 정갈하다. 오른쪽으로 난 창문에는 아침나절이면 따뜻한 햇살이 스며든다. 성당 안이 마룻바닥이라는 점도 특이하다. 몸이 불편한 이들만 간이의자를 이용할 뿐, 아직도 대부분의 신자들은 마룻바닥에 앉아서 예배를 본다.

풍수원성당의 십자가의 길은 걸어볼 만하다. 예수가 사형선고를 받은 후 십자가에 못박히는 과정을 조각이나 그림으로 보여주는 길이 십자가의 길이다. 성당마다 다 있다. 그런데 풍수원성당의 그것은 야트막한 산을 타고 솔숲으로 난 길을 따라 오르게 돼 있다. 그림은 오윤이나 김철수의 판화처럼 간결하면서 마음을 끌어당기는 힘이 느껴진다.

성당을 구경한 후 십자가의 길을 따라 걸었다. 종교는 가지고 있지 않지만 성당이건 교회건 사찰이건, 종교가 주는 경건한 기분은 말로 설명하기 힘든, 뭔가 사람의 마음을 뭉클하게 해주는 것이 있는 듯하다.

📷 TRAVEL NOTE
· 사계절 언제라도 좋다. 철마다 다른 분위기과 감상을 빚어낸다.
· 안흥면의 안흥찐빵이 횡성 명물이다. 국내산 통팥을 막걸리 발효 빈죽빵에 넣어 쪄서 낸다. 소금과 설탕만으로 간을 하는 것이 특징이다. 지나치게 달지 않고 빵이 쫄깃하다. 면사무소 앞 안흥찐빵(033-342-4570)이 맛있다.

무릎을 구부리고 앉아
돌들을 쓰다듬는 일

| 경주 황룡사지

무릎을 구부리고 앉아
돌들을 쓰다듬는 일

황룡사지를 어슬렁거리며 무너진 석탑과 절이 있던 자리와 부처가 앉았던 자리, 무심히 서 있는 당간지주 등을 바라보고 천천히 쓰다듬다 보면 천년 왕국의 비밀이 손끝을 타고 전해지는 것 같다.

절터는 넓다. 동서 288m, 남북 281m. 이 자리에 구리 3만 근과 황금 1만 198푼이 들어간 본존불 금동장륙상이 있었고, 동양 최대의 목탑인 9층 목탑이 있었다. 에밀레종보다도 규모가 4배 더 나간다는 황룡사종도 있었다. 하지만 지금은 없다. 몽골군의 침입으로 모조리 불타버렸다.

황룡사지 서쪽 끝에 감나무 한 그루가 서 있고, 그 아래 절을 짓는데 사용됐던 돌들이 오글오글 앉아 있다. 황룡사를 떠받쳤던 커다란 주춧돌도 있고 맷돌도 있다. 세숫대야로 쓰였던 돌도 있다. 어떤 돌은 연꽃을 새겼고, 어떤 돌은 부처님 얼굴을 새겼다.

그 돌들 위에 무릎을 구부리고 앉아 돌들을 쓰다듬으며 황룡사지에 천천히 깃드는 어둠을 보고 있노라면 마음은 고요해지고 아늑해진다. 그러면서 우리네 삶은 곧 저러한 모습으로 외로워지겠구나 하는 생각에 젖기도 하고, 그러니까 착하게 살아야겠구나 하며 서툰 다짐 같은 것도 해본다.

TRAVEL NOTE

· 3~4월. 유채가 필 무렵도 좋고 스산한 2월도 분위기가 좋다.
· 황룡사지는 구황동에 있다. 국립경주박물관 앞 사거리에서 안압지 뒤쪽으로 나 있는 길을 따라 500m가면 황룡사지가 나온다. 분황사에서 황룡사터로 들어갈 수도 있다. 차는 분황사 입구에 세워두어야 한다. 분황사도 함께 돌아보면 좋다.

이런 골목 하나쯤 가슴에
여며두고 있었으면

북촌 한옥마을. 햇볕이 흘러내리는 담장 사이 골목을 걷다보면 서울에 아직 이런 곳이 남아 있다는 게 새삼 고맙게 느껴진다. 골목골목 근사한 카페와 레스토랑, 미술관도 숨어 있어 근사한 봄날 한때를 보장받을 수 있다.

북촌 한옥마을은 가회동 일대, 한옥이 밀집해 있는 지역을 일컫는다. 예부터 왕실의 고위관직에 있거나 왕족이 거주하는 고급 주거지였다. 가회동 11번지와 31번지 일대에는 지금도 900여 채의 기와집이 남아 있다. 골목길은 기와집들 사이로 미끄러지듯 흘러간다. 최근 카페와 갤러리, 박물관도 많이 들어서고 있어 한나절 여유로운 산책을 즐기기에도 좋다.

지하철 3호선 안국역 3번 출구로 나오면 현대 계동사옥이다. 이곳에서 중앙고교로 이어지는 길이 계동길인데, 북촌문화센터를 지나 중앙고교에 닿는다. 북촌 여행을 시작하기 전 북촌문화센터에 들러보는 것이 좋다. 본래 조선말기 세도가였던 '민재무관댁'이었던 이곳은 한옥 원형이 비교적 잘 보존되어 있다.

북촌은 계동을 비롯해 삼청동, 가회동, 원서동, 안국동, 송현동, 사간동 등을 포함한 지역을 일컫는다. 청계천을 경계로 북쪽에 있다고 해서 붙여진 이름이다. 청계천 남쪽에 자리했던 남촌이 하급관리들과 가난한 선비인 딸깍발이들의 주거지였다면 북촌은 상류층 양반들의 주거지였다. 볕이 잘 들고 지하수가 풍부한데다 도성의 중심에 있어 왕실의 종친과, 힘깨나 쓴다는 세도가, 벼슬아치, 팔도 각지에서 올라온 양반들이 모여 살았다. 그들의 대저택과 그들이 부리던 하인이 기거하는 크고 작은 집들이 세워졌다. 하지만 조선조가 막을 내리면서 북촌의 영화도 시들기 시작한다. 왕조가 무너지면서 세도가들은 몰락하기 시작했고, 그들의 경제적 기반이 약화되자 대규모 식솔을 유지하기도 힘들어졌다. 어쩔 수 없이 하인과 식객을 내보내야 했고 물건을 내다 팔기 시작했다. 그러면서 북촌 앞 우정국 주변에 골동품 매매 상점이 하나 둘 생겨났는데 인사동의 기원이 되었다고 한다.

계동길을 따라가면 중앙고등학교가 나오는데, 중앙고등학교 앞에서 문방구를 끼고 좌회전하면 가회동 11번지다. 현대의 한국에서는 보기 드물게 한옥이 밀집해 있는 곳이기도 하다. 이 길을 따라 내려가면 작은 골목길이 나온다. 기와지붕이 어깨를 맞댄 한옥마을이 한눈에 바라보이는 곳이다. 철조망이 쳐져 있다는 점이 좀 아쉽지만 까치발을 하면 북촌 한옥마을이 오롯이 내려다 보인다. 가회동 11번지에서 가회동길을 따라 내려오면 길 건너 돈미약국이 보인다. 오른쪽으로 골목을 따라 들어가면 키 큰 회나무집을 만나는데 여기서부터 한옥 주택가가 시작된다. 북촌한옥길이다. 이 길을 따라 북촌한옥1길, 북촌한옥2길 등이 이어진다. 이곳이 북촌에서도 가장 아름다운 한옥마을로 손꼽히는 가회동 31번지다. 길 양편으로 단아한 지붕의 한옥이 단정하게 늘어서 있고 가운데로 오르막길이 시원하게 뻗어있다. 북촌한옥마을하면 어김없이 등장하는 사진도 모두 이 곳에서 촬영한 것이다.

북촌은 산책이 잘 어울리는 곳이다. 하늘 화창한 어느 날, 북촌에 발을 들여놓았다면 발걸음은 달팽이처럼 느려질 것이다. 날렵한 선을 자랑하며 하늘로 치켜 올라간 처마의 선, 작은 마당에 꼭 있을 만큼만 심어져 있는 푸성귀, 담장 너머로 기웃이 고개를 내민 감나무…… 이 모든 것이 당신의 마음을 느긋하고 여유롭게 만들 것이다.

· 봄도 좋고 가을도 좋고.
· 북촌길에 갤러리가 즐비하다. 빛갤러리, 예나르갤러리, 아카스페이스, 갤러리에빈, 트렁크갤러리, 송아당갤러리 등이 있다. 주변에 음식점과 카페가 많아 하나절 여행코스로 손색이 없을 듯. 재동초등학교 가까운 곳에 카페 두루(02-744-7554)가 있는데 높은 천장이 인상적이다. 입구에 들어서면 커다란 로스터리 기계가 맞이한다. 로스팅을 강하게 하는 듯. 핸드드립 커피가 아주 진하다. 대상칭아 화덕피자(02-765-4298)는 북촌에서 꽤 유명한 피자집. 주문을 하면 그 자리에서 바로 피자를 만들어 화덕에서 구워준다. 토핑과 굽는 과정을 모두 지켜볼 수 있다. 고소한 치즈와 양파가 어우러진 '고르곤솔라'가 일품이다.

인천의 옛 모습을 만나다

차이나타운 가까이 배다리골에는 헌책방 골목이 있다. 한국전쟁 이후 폐허가 된 배다리에 리어카 책방이 모이면서 만들어졌는데 그 수만 40여 개에 이르렀다고 한다. '작은 청계천'으로 불리던 골목에는 새 학기가 되면 교과서와 참고서를 구입하기 위해 찾아온 학생들로 붐볐다. 헌책방 골목역시 지금은 한산하다. 대여섯 곳 정도밖에 남지 않았다.

골목 초입의 아벨서점은 37년 내력을 지닌 헌책방 골목의 터줏대감이다. 헌책 마니아들에게는 성지로 꼽힌다. 요즘은 시 낭독회 같은 문화 행사가 열리기도 한다. 책방 안은 소설, 시집, 사회과학 서점, 예술서적, 아동서적, 참고서 등을 꽂아놓은 책장이 빼곡하게 들어서 있다.

우각로는 개항장으로 들어온 서구 문물을 서울로 전하던 곳답게 최초의 공립 보통학교인 창영초등학교와 미국 감리교회 여선교사를 위한 기숙사 등이 남아 있다. 모두 100년도 더 된 건물이다. 1920년대 문을 열어 인천의 막걸리 '소성주'를 제조했던 옛 양조장 건물도 있는데 현재 '갤러리 스페이스 빔'으로 사용되고 있다. 사진, 미술, 건축 등 다양한 전시를 열고 지역 어린이들을 대상으로 미술교실 등을 운영한다.

TRAVEL NOTE
· 골목은 스산한 2월이나 9월에 걸어야 제격.
· 배다리골에서 수도국산이 가깝다. 수도국산은 일본인들에 의해 강제로 쫓겨난 조선인들의 보금자리였고 한국전쟁 때에는 피난민들이, 60~70년대에는 일자리를 찾아 몰려든 사람들로 득적였다. 지금은 아파트 단지와 공원으로 바뀌어 옛 모습은 거의 찾아볼 수 없지만 불과 몇 년 전까지만 해도 산비탈 사이로 꼭대기까지 3,000여 가구가 모여 살던 인천의 대표적 달동네였다. 이곳에 수도국산달동네박물관이 있다. 전시되어 있는 물건 대부분은 달동네에서 생활했던 사람들이 기증한 것이다.

겨울바다의 낭만과 활력

포항 구룡포

겨울바다의 낭만과 활력

포항 구룡포

포항 구룡포는 검푸른 동해 바다와 생명력 넘치는 포구, 장엄한 일출, 낭만 가득한 해안 드라이브 등 겨울바다의 모든 것을 보고 느낄 수 있는 곳이다.

여느 포구가 그렇듯 구룡포 역시 새벽에 찾아야 제대로 즐길 수 있다. 어업 전진기지답게 포구는 들락거리는 배들과 생선장수들의 고함소리로 떠들썩하다. 겨울 구룡포항으로 많이 들어오는 생선은 꽁치, 문어 등. 어부들은 고기를 잡기 위해 대화퇴 大和堆 독도 북동쪽 공해상의 비교적 수심이 얕은 해저지형 어장까지 사나흘씩 걸리는 뱃길을 마다 않고 바다를 헤치며 나아간다. 항구에는 고기잡이 배들이 쉴새 없이 드나들고 갈매기들은 마스트 주위를 빙빙 맴돈다. 사내들은 부두 한켠에서 불가에 둘러 앉아 소줏잔을 기울이고 있다. 소주병 옆에는 과메기가 담긴 접시가 놓여 있다.

구룡포의 명물을 꼽자면 단연 과메기다. 꽁치를 바닷바람에 '어정쩡하게' 말린 것으로 오징어로 치면 피데기 비슷하다. 이 어정쩡하게 마른 꽁치가 겨울, 북풍한설이 몰아칠 때면 미식가들의 입맛을 다시게 한다. 이때쯤 구룡포를 여행하다 보면 과메기를 말리는 광경을 흔하게 볼 수 있는데, 도로를 따라가다 아무 마을로 내려서도 과메기 덕장이 널려 있다.

구룡포에서 925번 지방도로로 갈아타면 호미곶을 지나 포항까지 이어진다. 길은 해안가 얕은 언덕을 따라간다. 창 밖으로 보이는 검은 갯돌해안에는 파도의 하얀 포말이 부서진다. 해변에는 고기잡이를 나가지 않은 어선들이 한가롭게 정박해 있다. 이렇게 14km 정도를 달리면 호미곶에 도착한다. 한반도에서 해가 가장 빨리 뜨는 곳이다. 광장 앞 바닷가에는 다섯 손가락을 활짝 편 '상생의 손'이 있고 맞은편에는 호미곶 등대가 있다. 26.4m 높이의 초특급 등대다. 저물녘 등대에 불이 켜지고 고기잡이를 떠났던 배들이 항구로 줄지어 돌아오는 풍경은 가슴이 저밀 정도로 아름답다.

겨울 바다는 심하게 몸살을 앓는다. 검은 수면은 끊임없이 들썩거리고 파도는 포구를 집어삼킬 듯 거세게 일렁인다. 하지만 아무리 바람이 거칠고 바다가 사나워도 생활만큼 어려울까. 호미곶에 떠오르는 해를 보며 저 거센 바다처럼 살아보리라고 생각해본다.

우리의 열 살, 스무 살 시절을
발견하는 일

춘천 약사리 고개에 망대골목이 있다. 화가 박수근이 이곳에서 막노동을 하며 첫 개인전을 열었고, 조각가 권진규도 춘천고보 시절을 보냈다.

골목은 옛 풍경을 고스란히 간직하고 있다. 골목에 한 걸음 발을 들여놓는 순간 타임머신을 타고 30년 전으로 훌쩍 돌아간 것만 같다. 길 양편으로 시멘트 담장이 높게 쳐진 골목은 사람 한 명이 걸어가기에도 비좁다.

골목을 이리저리 걷다 요즘 보기 드문 대문을 만났다. 사자머리 문고리가 달린 대문이다. 고등학교 시절 첫사랑이 이런 대문을 가진 집에서 살았다. 골목을 서성이다 애꿎은 문고리를 두어 번 울리고 냅다 도망쳤던 기억이 난다. 혹시나 그녀혹은 그가 창문으로 얼굴이라도 내밀까 싶어 모퉁이에서 숨죽어 훔쳐봤던 것도 같다.

그 시절에서 멀리 왔다. 이 대문이 세워진 지도 어느덧 내 나이만큼이나 된 것 같다. 초록색 칠은 벗겨지고 붉은 녹이 가득 슬었다. 문고리가 따뜻해질 때까지 꼭 쥐고 서 있어본다. 이러다 보면, 어쩌면, 그 시절로 돌아갈 수도 있을는지. 우리의 어딘가에는 열 살, 스무 살 시절이 고스란히 살아 있고, 여행은 그것을 발견하게 해준다.

TRAVEL NOTE

· 2월. 외롭고 쓸쓸할 때.
· 망대골목을 내려오면 중앙시장이다. '명동 명물 떡볶이집'은 드라마 〈겨울연가〉 촬영지로 배용준이 라면을 먹었던 분식집이다. 일본인, 중국인들도 많이 찾아온다. 모둠접시를 시키면 떡볶이, 순대, 만두, 튀김, 도너츠, 김밥, 어묵 등을 한 접시에 푸짐하게 담아준다. 분식집의 옛날식 찐빵배기와 설탕 뿌린 도넛도 맛있다.

순대국처럼 따스한,
가자미식해처럼 고소한

뒤로는 설악산을 두고 있고 앞으로는 검푸른 물이 일렁이는 동해를 마주하고 있는 도시, 속초. 사람들은 수평선 너머로 훌쩍 떠오르는 붉은 햇덩이를 마주하기 위해, 혹은 설악산 등반을 위해 이른 새벽부터 이 도시에 찾아든다. 시끌벅적한 포구와 정취를 느끼고 날것의 회 한 점과 시린 술 한 잔을 삼키기 위해 이 도시로 먼 먼 여행을 오는 이들도 많다.

그리고 이래저래 속초를 찾는 여행객들이 한 번쯤 들르고 기웃대는 곳이 청호동이다. 전국 어디에나 있을 법한 흔한 지명이기에 속초 청호동 하면 고개를 갸웃하는 사람이 많을 테지만, '아바이마을'이라고 하면 '아, 거기' 하며 무릎을 치며 너도 나도 아는 체를 할 것이다.

그러니까 아바이마을이 급격한 유명세를 타기 시작한 것은 지난해 TV의 한 예능프로그램에 소개되면서부터다. 이후 여행객들이 말 그대로 물밀듯이 몰려왔다. 마을 분위기는 싹 바뀌었다. 너도 나도 출연진이 다녀갔다는 홍보물을 달았고 순대국을 만들어 팔기 시작했다.

아바이마을은 이름에서 알 수 있듯, 한국전쟁 당시 남하한 피난민들이 모여들면서 만들어진 마을이다. 1951년 1·4후퇴 당시 함경도에서 남쪽으로 피난을 왔던 민간인들은 휴전이 되자 속초로 모여들었다. 한 걸음이라도 고향과 가까운 곳에 살다가 통일이 되면 한시 바삐 북에 있는 고향으로 올라가기 위해서였다.

처음 아바이마을에 정착한 주민들은 사람 허리 정도의 깊이로 땅을 파고 창문과 출입구만 땅 위로 내놓은 집을 지었다고 했다. 당시 청호동 지역은 임자없는 빈 백사장이었는데 바다와 가까워 고기잡이로 그럭저럭 생계를 이어갈 수 있었기 때문에 실향민들이 이곳으로 모여들었다. 그나마 집다운 집을 짓기 시작한 때는 1970년대 중반. 마을의 형태를 갖추게 된 것도 이 즈음이다. 당시 이곳에는 유독 함경도 출신 피난민들이 많았는데, 골목마다 나이 든 사람을 부르는 "아바이, 아바이"하는 소리로 가득했다고 한다. 마을이 아바이마을로 불리게 된 것도 이 때문이다. 지금도 아바이마을 거주 실향민들은 함경남도 출신이 90% 가량 이른다. 이들 실향민들은 대부분은 1·4후퇴 때 부산 일대까지 피난갔다가 구룡포, 후포, 울진, 죽변, 묵호, 주문진, 양양, 대포를 거쳐 청호동에 정착한 사람들이다.

잔뜩 기대를 하고 아바이마을을 찾았다가는 그 모습에 실망을 할 수도 있겠다. 우리가 기대하는 옛 모습을 찾기는 어렵다. 마을 풍경은 여느 관광지와 별반 다르지 않다. 지난 2000년 송승헌과 송혜교가 출연한 드라마 〈가을동화〉의 촬영지로 알려지면서 관광객들이 찾아들기 시작했다. 이들이 탔던 무동력배인 갯배는 아바이마을의 명물이 됐다. 지금 갯배가 있는 곳은 부월리로 불리던 곳인데 본디 중앙동 쪽과 이어진 땅이었다. 왜정 때 물길을 뚫어 청초호와 외항을 연결했는데 그때부터 물길 건너는 교통수단으로 정착된 것이 갯배다.

갯배에서 내려 마을로 들어서면 마을은 온통 순대 간판으로 어지럽다. 집집마다 '1박2일'이란 문구를 대문짝만큼이나 크게 써 붙여두고 있다. 대부분의 집들이 연예인이 순대국을 먹는 사진을 똑같이 붙여 놓았다.

마을은 작다. 휘휘 돌아보는 데 30분이 채 걸리지 않는다. 여행객들이 찾는 아바이마을은 신포마을이다. 함경남도 북청군 신포읍 출신 실향민들이 많이 거주해 이름 붙었다. 현재 아바이마을의 실향민 1세대는 70여 명에 불과하다.

아바이마을 골목길을 걸어본다. 집안 귀퉁이에는 시든 화분이 놓여 있고 그 위로 겨울 햇빛이 어룽대며 내려앉는다. 담장 너머에서는 내일 날씨를 알리는 라디오 소리가 지직거리며 흘러나오고 게으른 고양이는 볕 바른 골목 한 켠에서 졸고 있다. 그리고 이 골목길을 작은 오토바이를 타고 우체부가 지난다. 아바이마을 바로 앞은 동해바다다. 마을 골목을 나와 몇 걸음만 가면 푸른 바다가 꿈인듯 몽롱하게 펼쳐진다.

아바이마을 앞 고가도로에 올라가면 아바이마을을 내려다볼 수 있다. 이 곳에서 보는 마을 풍경이 시큰하고 애잔하다. 마을의 지붕들은 서로 어울리고 마주보며 서 있다. 떨어지지 않아야 하니까, 그래야 외롭지 않으니까, 슬픔도 덜 수 있고 기쁨도 나눌 수 있으니까. 지붕들은 서로를 껴안으려는 자세로 모여 있다.

TRAVEL NOTE
· 차가운 겨울바람이 몰아치는 12월.
· 아바이마을은 아바이순대로 유명하다. 아바이순대는 함경도의 향토 음식으로 돼지 대장 속에 돼지고기, 찹쌀, 우거지, 숙주 등으로 속을 채워 찐 순대다. 함경도에서 강원도 속초까지 내려온 피난민들은 당시 돼지 대창을 쉽게 구할 수 없어 이곳에서 흔한 오징어를 이용해 만들기 시작한 것에서 비롯됐다. 속초식 아바이순대는 그래서 '오징어 순대'라고도 불린다. 아바이순대 어느 집을 가도 그 맛이 비슷하다. 공장에서 순대를 만들어 일괄 공급하기 때문이다. 그래도 아바이마을에서 먹는 뜨끈한 순대국 한 그릇과 계란옷을 입히고 후라이팬에 구운 오징어순대에는 뭔가 색다른 맛이 있다. 정확하게 묘사는 못하겠지만 어딘지 모르게 몸이 따스해지는 것 같다.

그물 위로 춤추는 은빛 멸치
| 부산 기장 대변항

한번쯤은 '기장 멸치'라는 말을 들어보았으리라. 남해나 삼천포, 통영의 멸치가 유명하다지만 기장에는 그 명성이 못 미친다. 4월이면 부산 기장 앞바다는 은빛 비늘을 반짝이며 헤엄치는 멸치떼로 가득 찬다. 기장 대변 항에서 잡히는 봄멸치는 씨알이 굵고 살이 연해 조선시대 임금에게 진상 할 정도로 유명했다.

4월 중순 무렵부터 부산 기장 대변포구 앞바다에는 멸치가 떼로 몰려들기 시작하는데 그야말로 '물 반 멸치 반'이다. 기장은 전국 유자망 멸치 어 획고의 70퍼센트를 생산한다. "메루치회 함 묵어보이소." "오늘 막 털어 온 거라이." "봄멸치 하면 기장멸치 아인교. 두말하면 잔소리니 함 묵어보 소." 대변포구를 걷고 있노라면 경상도 아지매 특유의 거친 억양이 발길 을 잡아 이끈다.

한해살이인 멸치는 기장 앞바다로 번식을 위해 찾아들었다가 조류가 순 해지는 조금물때를 기다려 암초 위에 알을 쏟고는 짧은 생을 마친다. 기장 대변항의 어부들은 이 멸치들을 쓸어담으며 생을 산다.

멸치배가 들어오면 포구는 비로소 부산해진다. 배가 포구에 닿는 순간, 아 낙들이 그물 양쪽 가장자리를 잡아당겨 주면 선원들이 탈망에 들어간다. 탈망은 그물을 털어 멸치를 모으는 과정이다. 비옷을 입고 두건을 쓴 7~8 명의 선원이 '칫! 치-' '으샤- 으샤-' 하는 구령에 맞춰 왼손과 오른손을 번갈아 당기며 털어낸다. 그물이 한 번 펼쳐질 때마다 멸치가 허공으로 튀 어 올랐다가 후두둑 떨어진다. 아낙들은 배 주위로 몰려와 부둣가 밖으로 떨어지는 멸치를 플라스틱 대야에 잽싸게 주워담는다.

갈매기 떼도 멸치를 먹기 위해 하얗게 날아든다. 아낙들의 대야에 담기는 멸치는 대가리가 떨어져 나가고 몸통 일부도 여기저기 마구 잘려나간 것들. 이것들은 소금을 뿌려 바로 젓갈로 만든다. 해마다 이 즈음이면 전국의 사진작가들이 이 장면을 찍기 위해 몰려든다. 선원들은 지금까지 카메라 세례를 많이 받아서인지 무덤덤하다.

일정한 리듬을 타며 선원들이 멸치를 털어내는 광경은 보는 이의 입을 떡 벌어지게 할 정도로 장관이다. 선원들의 덩실대는 어깻짓에 맞춰 '툭! 툭!' 하며 포구를 울려대는 그물 터는 소리, 헉헉거리는 선원들의 밭은 숨소리가 어우러져 마치 한바탕 신명나는 굿판을 벌이는 듯하다.

봄멸치는 육질이 부드럽다. 입에 들어가면 살살 녹는 감칠맛이 느껴진다. 일반 회처럼 초고추장에 찍어 먹어도 되고 10여 가지 채소에 버무려 먹어도 맛있다. 기장에서만 맛볼 수 있는, 멸치로 만든 특별한 음식이 또 있는데 바로 멸치찌개다. 멸치를 통째로 넣고 된장과 우거지, 미나리, 방앗잎 등으로 국물을 진하게 낸 것이다. 전혀 비리지 않고 맛이 구수하다.

별 헤는 밤

'별의 도시' 경북 영천에 정각별빛마을이라는 곳이 있다. 보현산 남쪽 자락에 자리잡은 마을이다. 이 마을에 가면 밤이면 '밥티처럼 따스한 별들이' 우수수 돋는 광경을 볼 수 있다. 개울물도 맑게 흐르고 저녁이면 '밥 짓는 냄새'가 퍼진다.

정각별빛마을은 보현산 천문대 가기 전 만날 수 있다. 마을 입구에 노란색 별이 파란색 별꼬리를 끌고 날아가는 모양이 새겨진 입구석이 서 있다. 굳이 입구석이 아니더라도 별빛마을이라는 사실을 알 수 있다. '천문대식당', '천문대마트', '천문대고시원' 등 건물마다 천문대 간판을 달고 있다.

마을에는 70여 가구 150여 명의 주민이 살아가고 있다. 1시간이면 휘휘 돌아볼 수 있다. 하지만 별빛마을에서 걸음은 자주 멈추고 느려진다. 마을 곳곳에 예쁜 벽화가 그려진 까닭이다. 망원경을 보면서 천진스럽게 웃고 있는 아이들의 모습을 그려 넣은 벽화며 목성과 토성 등 은하계를 그려 넣은 벽화 등등 모두 우주와 천체, 별을 주제로 한 그림들이다. 특히 마을 중턱에 자리한 어린왕자와 천문대를 그려 넣은 벽화가 가장 인기가 좋다. 마치 마을 전체가 한 권의 동화책 같다.

TRAVEL NOTE
· 2월이면 영천의 명물 미나리 수확이 한창일 때다
· 1996년 4월에 탄생한 보현산천문대는 국내 최대 구경인 1.8m 반사망원경과 태양플레어 망원경이 설치된 광학천문관측의 중심지. 정각별빛마을 입구 삼거리에 자리한 천문대식당(054-336-7131)의 미나리국수가 맛있다. 면을 반죽할 때 미나리를 넣는다. 면이 연녹색을 띤다. 한 젓가락 맛보면 은은한 미나리향이 입 안에 가득진다.

남한강과 소백산을 한눈에

남한강과 소백산을 한눈에

단양 온달관광지 드라마세트장에 들어서면 TV에서 자주 접하던 익숙한 풍경들이 눈에 들어온다. 〈연개소문〉〈태왕사신기〉〈천추태후〉 등을 촬영했다. 영화 〈쌍화점〉도 이곳에서 찍었다.

세트장에서 온달산성까지의 거리는 약 1km. 왕복 1시간 남짓 걸린다. 산성 오르는 길은 조금 가파르다. 중턱의 정자에서 시원한 강바람과 산바람에 땀방울을 식히고 능선을 계속 따르면 온달산성에 닿는다.

온달산성은 고구려가 남한강 유역을 탈환하기 위해 성산427m에 쌓은 길이 682m의 반월형 석성으로 '바보온달과 평강공주'로 잘 알려진 고구려 명장 온달장군의 이야기가 깃든 곳이기도 하다. 《삼국사기》 온달전에 따르면 평원왕의 사위였던 온달은 신라에 빼앗긴 남한강 유역을 되찾기 위해 590년 '계립령과 죽령 서쪽 땅을 되찾지 못한다면 돌아오지 않겠다'며 나섰지만 아단성에서 신라군의 화살에 목숨을 잃는다.

성에 서면 빼어난 주위 풍광이 시선을 사로잡는다. 밑으로 동강과 서강으로 나뉘었다가 단양에서 합쳐진 남한강이 꿈틀거리는 용 모양으로 굽이쳐 흐른다. 첩첩이 이어진 소백산맥 능선이 물결친다.

TRAVEL NOTE
· 7~9월 한여름. 녹음이 울창할 때.
· 단양읍에서 영월로 향하는 59번 국도를 이용한 뒤 595번 지방도로를 타고 직진한다. 가는 도중에 '구인사'나 '온달관광지'를 나타내는 표지가 많은데 그대로 따라가면 된다. 온달관광지(043-423-8820)의 개관시간은 오전 9시~오후 6시.

가야금 같은 파도 소리 들리는

등대전망대 건너편이 영금정이다. 작은 언덕 위에 같은 이름의 정자가 놓여 다들 이곳을 영금정이라고 생각하지만, 사실 영금정은 동명항의 갯바위를 일컫는 말이다. 둥글둥글 갯바위들을 타고 넘는 파도 소리가 가야금 소리와 같다고 해서 '영금'이고 정자 같은 풍류가 느껴진다고 해서 '정'자가 붙었다. 아침 일출을 조망하는 최고의 장소로 손꼽히는 곳이다.

영금정에 선다. 막힘 없이 펼쳐지는 푸른 바다. 고개를 돌리면 속초항의 활력 넘치는 풍경과 멀리 설악산이 눈에 들어온다. 이중환이 속초를 두고 "이름난 호수와 기이한 바위가 많아 높은 데 오르면 푸른 바다가 넓고 멀리 아득하게 보이고 골짜기에 들어서면 물과 돌이 아늑하여 경치가 나라 안에서 참으로 제일이다"고 했는데 절로 고개가 끄덕여진다.

영금정에서 해안도로를 따라서 등대 아래로 이어진 길을 이용하면 동명항으로 갈 수 있다. 동명항의 최대 매력은 역시 싱싱한 자연산 회를 싸게 맛볼 수 있다는 점. 방파제 나가는 길목에 위치한 동명항 활어판매장에서는 어민들이 직접 잡아온 활어를 맛볼 수 있다.

TRAVEL NOTE

· 해돋이 풍경이 멋진 1월도 좋고, 한여름 피서철도 속초 여행의 적기다.
· 장사항 일월회집(631-5533)에서 가자미회, 오징어회, 도루묵회 등을 맛볼 수 있다. 청호동 아바이마을 단천식당(632-7828)은 아바이순대로 유명하다. 속초회국수는 지금 거의 사라졌지만 동명동 공설운동장 부근의 수산 회국수(631-2635)가 명맥을 잇고 있다.

한국 정신의 아름다움을 만나다
| 안동 병산서원

한국 정신 문화의 수도라고 불리는 안동. 서애 유성룡을 배향한 병산서원에는 한국에서 가장 아름다운 건축물로 손꼽히는 만대루가 있다.

병산서원은 서애 유성룡과 그 아들 유진을 배향한 서원이다. 모태는 풍악서당이다. 서애가 1572년 옮겨지었다. 임진왜란 때 병화로 불에 탔으나 정경세 등 후학들이 서애의 업적과 학덕을 추모해 사묘인 존덕사를 짓고 향사하면서 서원이 되었다. 병산서원은 1868년 대원군이 서원 철폐를 단행했을 때도 존속된 47개 서원 중 하나이다.

서원을 정면으로 바라보며 걸어가면 솟을대문이 나타난다. 복례문復禮門이다. 복례문의 이름은 극기복례克己復禮에서 따왔다. 세속된 몸을 극복하고 예를 다시 갖추라는 뜻이다. 엄숙과 신성 속으로 들어가는 입구이다.
복례문을 들어서면 정면 7칸으로 길게 선 만대루 아래를 지나게 된다. 만대루 아래로 난 급경사 계단을 따라 고개를 숙이고 지나면 강당인 입교당과 만난다. 입교立敎, 즉 가르침을 바로 세운다는 뜻이다. 입교당은 유생들이 공부하는 곳. 그러기에 단출하다. 아무런 장식적인 요소도 개입되어 있지 않다. 팔작지붕에 홑처마다.

병산서원에 별다른 조경시설은 없다. 복례문 옆에 자그마한 연못이 있고 만대루 계단 앞의 화단과 장판각 앞쪽의 두 그루 은행나무와 마당에 몇 그루의 배롱나무들뿐이다. 하지만 병산서원은 주변 풍광 모두를 정원으로 감싸안고 있다. 병산서원의 면적은 6,825평에 불과하지만 병산서원에서 누리는 강과 하늘은 6만 평을 넘는다.

이제는 만대루에 올라설 차례. 만대루는 병산서원에서 가장 큰 건물이다. 벽이 없고 기둥과 지붕, 마루만으로 이루어져 있다. 만대루는 서원과 자연 사이를 이어주는 매개체다. 만대루에 앉았을 때 외부 경관은 모두 만대루 안으로 들어온다.

통나무를 깎아 만든 계단 앞에 신발을 벗고 누각으로 오른다. 까칠한 마루 바닥의 감촉이 발바닥에 전해진다. 200명은 앉을 수 있다는 만대루. 동서로 시원하게 펼쳐져 있다. 천장에는 굵은 통나무 대들보가 물결치듯 걸쳐 있다. 통나무의 휘어짐을 최대한으로 살려냈다.

만대루에 앉아 산과 강을 바라본다. 산은 물들고 강은 막힘 없이 흘러간다. 굽어 보이는 복례문 아래로 사람들이 오고 간다. 두 명이 가고 세 명이 온다. 다시 세 명이 가면 두 사람이 병산서원을 찾는다. 연인도 있고 가족도 있고 건축학자와 사학자, 사진작가도 있다. 모두 병산서원의 아름다움에 반한 이들이다.

선비들은 비 오는 날, 달이 밝은 날, 화창한 날, 만대루에 앉아 글을 읽었다. 스산한 바람이 부는 가을날, 만대루에 앉아 글을 읽는 그들의 심사는 어떠했을까. 배롱나무가 내내 그들의 등을 희롱했으리라.

소치 허련의 흔적을 찾아서

운림산방은 소치 허련^{1808~1892}이 말년에 기거하던 화실이다. 소치는 시서화^{詩書畵}에 두루 능했던 조선 후기의 대표적인 화가. 추사 김정희는 소치를 두고 '압록강 이남에는 따를 자가 없다'고 극찬했다.

시서화로 당대를 휘어잡은 소치였지만 1856년 스승 추사가 세상을 떠나자 모든 것을 버리고 고향으로 돌아왔다. 그리고 운림산방을 짓고 81세로 세상을 떠날 때까지 평생 고독을 마주보고 살았다.

운림산방으로 들어서면 가장 먼저 커다란 수양버들 두 그루가 맞이한다. 그리고 저만치 연못 건너로 보이는 아담한 한옥. 백일홍과 맥문동으로 둘러싸여 그윽한 정취를 풍긴다. 운림산방 앞 연못 운림지에는 여름이면 수련이 활짝 핀다. 팽나무, 검팽나무, 생달동백 등도 연못가에 심어져 있다. 모두 소치가 먼 곳에서 구해 와 기른 것이라고 한다.

운림지 한가운데에는 조그마한 섬이 있고 백일홍이 한 그루 심어져 있는데 소치가 직접 심은 것이라고 하니 줄잡아 150년은 된 듯하다. 늦여름이면 빨간 꽃을 피워 운림산방을 장식한다. 이런 풍경이 그나마 그의 고독을 덜어주었으리라.

TRAVEL NOTE
· 연꽃이 피는 7월.
· 지산면 세방리는 중앙기상대가 꼽은 한반도 제일의 낙조 명소. 한반도에서 가장 늦은 해넘이를 볼 수 있는데다 떠나기 못내 아쉬운 석양이 가장 오래 머무는 곳이다. 도로변에 낙조 전망대가 마련되어 있다.

당신과 함께 가고 싶은 사월의 섬

자월도라… 참 예쁜 이름이다. 紫, 月, 島. 한자를 풀어보니 붉은 달이 걸린 섬이라는 뜻이다. 하지만 이런 예쁜 이름이 붙은 사정은 오히려 애달프다. 자월도는 조선시대 삼남지방에서 세금으로 거둔 곡식을 배에 실어 서해 바다를 따라 올라오다 잠시 쉬어갔던 섬이었다고 한다. 곡식 운반을 맡은 아전들이 폭풍우 때문에 이 섬에서 자주 발이 묶이곤 했는데, 고향으로 빨리 돌아가고 싶은 초조한 마음에 밤하늘을 쳐다볼 때마다 검붉은 달만 무심히 빛나고 있었으니, 그래서 붙은 이름이 자월도라고 한다.

자월도는 작은 섬이다. 300여 가구가 살아간다. 마을은 1리와 2리, 3리 세 곳으로 모두 바람이 덜한 자월도 남쪽 해변에 만들어져 있다. 북쪽은 갯바위가 많아 낚시꾼들이 주로 찾는다. 그래도 학교와 면사무소, 소방서, 농협, 민박집이며 펜션, 식당, 중국집 등 있을 만한 건 다 들어서 있다.

자월도는 작정하고 돌아보자면 두어 시간이면 충분하다. 해변 3곳과 섬을 내려다 볼 수 있는 나즈막한 봉우리인 국사봉이 전부인데, 여행객들이 가장 먼저 찾아가는 곳은 장골해수욕장이다. 달바위 선착장에서 면사무소가 있는 큰말로 가는 길목에 있다. 길이가 약 1km, 폭 40m에 달한다. 고운 모래가 깔린 해변은 반달처럼 휘어져 있고 해변 뒤편에는 울창한 소나무숲이 있어 여름이면 따가운 햇볕을 피할 수 있다.

장골해수욕장 말고도 자월도에는 해수욕장이 더 있다. 면사무소 앞의 큰말해수욕장은 장골해수욕장에 비해 아담하다. 이곳 역시 갯벌체험과 해수욕을 즐기기 좋다. 모래사장도 곱고 깨끗해 가족 단위로 온 여행객들이 주로 이용한다. 이곳에서도 썰물 때면 소라, 고동, 참게 등을 주울 수 있다.

장골해변에서 한참을 논다. 바닷가 이쪽에서 저쪽까지 걸어가 보고 발자국을 되짚으며 뒷걸음질 쳐보기도 한다. 소라며 고동 껍질을 두손 가득 주워 담아 보기도 한다. 어떤 날은 이렇게 쓸모없는 일을 하며 보내고 싶기도 한데, 어쩌면 오늘이 그런 날인지도 모르겠다. 어쨌든 오늘은 지긋지긋한 도시를 떠나왔고 일 따위는 생각하지 않아도 되는 날이니까.

어느덧 밀물이다. 바닷물이 슬금슬금 들어오기 시작한다. 귓전에 물결 소리들이 찰랑거린다. 파도의 리드미컬한 움직임과 바닷가에 둥지를 트는 새까만 바닷새의 처량한 울음소리들. 바닷가 산책은 이런 소리들 때문에 아무런 동행이 없이 혼자 유유히 걸음을 옮겨 다녀도 심심하지 않다.

지금은 혼자이지만 당신을 꼭 데려와야겠다고 생각한다. 햇빛으로 넘쳐나는 다정한 사월의 섬, 자월도. 당신 손을 잡고 따뜻하게 데워진 해변을 맨발로 걷고 노을 속을 산책하는 일. 당신에게 이 섬을 보여주는 것으로 내 마음을 대신하고 싶다.

TRAVEL NOTE
· 겨울, 섬은 찾는 이 없이 한적하기만 하다.
· 자월도 가는 배는 인천항 여객선터미널과 대부도 방아머리선착장에서 탈 수 있다. 우리고속훼리(032-887-2891)와 대부해운(032-886-7813)이 운항한다. 인천에서는 쾌속선과 카페리호가, 방아머리에서는 카페리호가 다닌다. 차를 가지고 가려면 인천에서 오전 8:00 출발하는 '대부고속훼리5호'를 타야 한다. 인천항에서 차를 배에 실을 때는 항만노조비 9,000원을 따로 현금으로 내야 한다. 자월도에서 인천항으로 나오는 배는 오후 3시 20분에 있다. 주말이면 차를 못 실을 수도 있으니 미리 선착장에 가야 한다. 신용카드를 사용할 수 없다는 점에 유의할 것. 자월매표소(032-832-9002)로 문의하는 것이 좋다. 장골해변과 큰말해변 주위에 장골회집(032-831-3785), 달바위식당(032-831-6151), 자월반점(032-832-0333) 등 식당이 몇 곳 있다. 펜션과 민박집이 여럿 있다. 숙소에서 낚시 정보와 관광지 정보 등을 구할 수 있다.

달빛과 밤바다,
어화가 빚어내는 환상 풍경

| 영덕 창포리 풍력발전단지

바다 위로 두둥실 떠오르는 보름달을 본 적이 있으신지? 명주실처럼 희미하게 이어지는 수평선 위, 보름달이 밤바다를 환하게 밝히며 훌쩍 떠오르는데, 산언덕에서 그 풍경을 바라보는 일이란 게 정말이지 가슴 두근거리는 일이라서, 만약 사랑하는 이라도 옆에 있다면 자신도 모르게 손을 눌러 잡게 될지도, 어깨를 지그시 기대게 될지도 모르는 일이다.

경북 영덕. 해마다 새해면 바다 위로 솟는 뜨거운 햇덩이를 보려는 사람들로 인산인해를 이루는 곳, 복사꽃 붉게 피는 봄날이면 꽃놀이하러, 입에 살살 녹는다는 대게 맛보러 북적이는 곳이다. 복사꽃도 복사꽃이고 대게도 대게지만, 정월대보름 전후로 여행자들이 영덕을 찾는 까닭은 창포리 풍력발전단지를 걷기 위함이다.

강구항 북쪽에 자리한 작은 어촌마을인 창포리는 풍력발전단지가 세워지면서 유명해졌다. 발전단지가 세워진 연유가 다소 아이러니하다. 1997년 영덕읍 우곡리에 큰 산불이 났는데 불은 창포리까지 번졌다. 하지만 다행스럽게도 산불은 마을 앞에서 딱 멈췄고 나무를 베어낼 필요없이 풍력발전소가 들어올 수 있었다.

창포리 발전단지에 들어선 발전기는 모두 24기. 제주도 세화리에 풍력발전기가 있지만 그것보다 큰 규모다. 하나의 크기가 기둥 높이 80m, 날개의 지름이 82m에 달한다. 이 바람개비들에서 1년에 9만6,680메가와트의 전기가 생산된다. 영덕군이 1년간 쓸 수 있는 양이다. 아래에서 발전기를 보려면 목을 뒤로 90도 가까이 젖혀야 한다.

풍력발전단지는 그 자체로 색다르고 이국적인 풍경을 선사한다. 푸른 하늘을 배경으로 선 높은 발전기들은 낯설면서도 새로운 풍경을 만들어낸다. 발전기 사이로 아스팔트 포장된 길이 나 있어 자동차로 쉽게 오를 수도 있다. 넓은 언덕 위에 위풍당당하게 서서 커다란 날개를 휙휙 돌리는 발전기의 모습은 분명 신기한 볼거리임에 분명하다. 발전단지는 일출 명소로도 알려졌다. 아침 해가 솟을 무렵이면 풍력 단지는 마치 영화의 한 장면처럼 붉게 물드는데, 이 모습이 그로테스크하면서도 강렬하다.

창포초등학교에서 발전단지까지 걷기 길이 만들어져 있다. 이 길, 밤에 걸으면 좋다. 가로등이 설치되어 있고 대부분 평탄한 길이라 운동화를 신은 채로도 충분히 즐길 수 있다. 걸으며 달빛을 받는 밤바다를 볼 수 있다. 바다는 밝은 감청색으로 빛난다. 그리고 수평선에 눈부시게 걸린 오징어잡이배 불빛. 수십 개의 보름달이 수평선에 걸린 듯한 풍경에 여기저기서 '아!' 하는 감탄사가 터져 나온다.

그렇게 감탄하며 걷다 보니 어디선가 '웅~ 웅~' 하는 소리가 들린다. 풍력발전단지다. 24기의 거대한 발전기가 달빛 아래 우뚝 서 있다. 마치 우주의 혹성에라도 온 듯한 기분이다.

TRAVEL NOTE
· 1월, 창포리 풍력발전단지에서 보는 해돋이가 멋지다.
· 강구항에 100여 곳에 이르는 대게 식당과 판매점이 있다. 대게는 별다른 양념을 하지 않고 쪄서 먹기 때문에 특별한 맛집이 없다. 대게만 잘 고른다면 여느 집이나 그 맛이 비슷하다. 죽도산(054-733-4148), 대게종가(054-733-4147), 대게궁(054-784-5001), 대게타운(054-733-4599) 등이 시설이 깔끔하다. 대게를 주문하면 20여 분 후에 커다란 쟁반에 대게를 담아온다. 손님 앞에서 종업원이 대게를 손질해준다. 대게를 다 먹고 난 후 맛보는 대게매운탕과 게껍질에 담은 볶음밥도 별미다.

작은 섬에서의 하룻밤

작은 섬에서의 하룻밤

모슬포항을 출발해 30분 정도 가면 코발트색 바다 위에 떠 있는 연초록색 섬이 보이기 시작한다. '이 땅의 끝'으로 불리는 마라도다. 둘레가 4.2km, 면적 9만여 평밖에 되지 않는 이 작은 섬은 앙증맞고 다정한 모습으로 여행자를 반긴다. 마치 동화 속 세계에 온 듯한 느낌을 받게 한다.

선착장에 내려 10여 미터 높이의 계단을 오르면 마라도 여행이 시작된다. 잔디밭 위에 띄엄띄엄 예쁜 건물들이 서 있다. 서쪽 해안 끄트머리에 아담한 유럽식 건물이 들어서고 있다. '초콜릿박물관'이다. 계속 섬의 남쪽으로 향하면 마라도 등대다. 새하얀 건물이 인상적인 마라도 등대는 건물 자체로도 예쁘지만 남지나해로 나가는 모든 배에게도 꼭 필요한 존재다. 세계 해도에 설사 제주도가 빠졌더라도 마라도 등대는 반드시 표기돼 있다. 1915년 3월부터 불을 밝히기 시작했다.

시간이 허락된다면 마라도에서의 1박을 권한다. 해가 지고 어둠이 내리면 마라도는 고요함으로 가득찬다. 등대에 불이 들어오고 하늘에는 초롱초롱한 별이 뜬다. 파도소리가 귓전을 어루만진다. 바다 위에 비행접시처럼 떠 있는 섬 마라도. 아마 이 땅이 아닌 듯한 느낌에 쉽사리 잠들지 못할 것이다.

TRAVEL NOTE
· 바람이 덜 부는 5~7월.
· 대정읍 모슬포항에서 마라도까지 정기 여객선(www.wonderfulis.co.kr 064-794-6661)이 하루 9회 운항한다. 성인 왕복 15,000원. (064-794-5490. 송악산 유람선 선착장에서도 1일 4회 여객선(www.marado-tour.co.kr)이 뜬다. 30분 소요. 성인 왕복 13,500원.

걷고 또 걷고 싶은 길

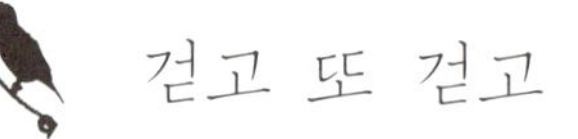

강원도 정선에 운탄길이라는 길이 있다. 말 그대로 '석탄을 운반하는 길'이다. 백운산 두위봉을 지나는 이 길들은 정선 신동의 예미까지 이어진다. 곳곳의 갱도를 잇고 달리느라 거미줄처럼 연결돼 있는데 전체 길이가 80km를 넘는다.

한때 석탄 경기가 좋았던 시절에는 탄더미를 가득 실은 트럭들이 줄지어 이 길을 다녔겠지만 10여 년 전부터 운탄길에서 석탄차들은 사라졌다. 정선과 태백, 영월 일대의 탄광들이 하나 둘씩 문을 닫으면서부터다.

운탄길 끝자락에 화절령花折嶺이 있다. 운탄길 가운데서도 가장 아름다운 길로 꼽힌다. '꽃꺾이재'로도 불린다. 정선과 영월의 아낙들이 봄날 진달래꽃을 꺾기 위해 많이 몰려들어 이름 붙었다고 한다.

화절령은 걷기 좋다. 경사가 급하지 않다. 운탄차가 다닐 수 있도록 능선을 따라 길을 냈기 때문이다. 산허리를 끼고 도는 길은 쭉쭉 뻗은 침엽수림 사이를 지난다. 여유 있는 걸음으로 산책하듯 걸어도 1시간 30분~2시간 정도면 족히 닿을 수 있다. 해발 1,000~1,300m 고지에 뚫린 길이라 주변 산세를 내려다보는 풍광도 일품이다.

TRAVEL NOTE

· 5~6월. 화절령에 꽃 필 때.
· 중앙고속도로 제천IC에서 38번 국도를 타고 영월을 거처 정선 하이원리조트까지 간다. 왕복 4차선으로 포장돼 있다. 하이원리조트 매립지 주차장 뒤편에 등산로가 있다. 화절령~산죽나무길~산철쭉길~마전봉~골프장을 잇는 길은 4시간 코스다. 코스에 따라 2시간, 3시간 코스도 있다.

화려한 서울의 야경

서울 응봉산 공원

서울의 야경이 궁금한가? 그렇다면 응봉산을 올라보시라. 기대했던 것과 똑같은 멋진 야경이 펼쳐질 것이니. 응봉산에 오르면 한강과 한강을 가로지는 다리들, 그리고 서울 도심이 어우러진 멋진 야경을 볼 수 있다. 사진 애호가들에게 서울 야경사진 촬영 명소로 널리 알려져 있다. 정상의 정자에 오르면 서울 숲이 내려다 보이고, 한강을 따라 흐르는 자동차의 멋진 행렬도 볼 수 있다. 오른편으로 강변북로와 청계산, 우면산이 손에 잡힐 듯 가깝고 왼편으로는 동부간선도로와 영동대교, 서울숲, 잠실주경기장, 무역센터까지 한 눈에 들어온다.

응봉산은 해발 81m의 낮은 산이지만 정상에서 바라보는 풍광은 810m 급 못지 않다. 전철역에서 내려 넉넉잡고 15분이면 정상에 닿을 수 있다는 점도 매력. 남산타워 뒤로 지는 분홍빛 노을도 아름답다.

TRAVEL NOTE

· 이경울 찍으려면 대기가 깨끗한 한겨울이 좋다.
· 응봉산 역에 도착해 1번 출구로 나와 이정표를 따라 가면 된다. 일몰 시간 전 도착해 산책 삼아 공원을 한 바퀴 돌아보는 것도 좋다. 야경 사진 촬영은 정상의 팔각정보다는 팔각정 아래 자리한 계단이 더 좋다.

여행과 당신의 시간들

언제부턴가 아름다운 풍경과 만나거나 맛있는 음식을 먹을 때면
당신이 떠오르곤 했다.
누군가에게 이 말을 하면 나이가 들어서라고 했고
어떤 이는 내가 그 사람을 더 사랑하게 되었기 때문이라고 말해주었다.

그런 것 같다.
그 여자를 알게 된 지 십여 년이 넘었고
매일매일 그 여자를 사랑하며 살아왔다.
그리고 나이가 들면서 그 여자를 조금씩 더 사랑하게 되었다.

이빨 빠져 섭섭해진 접시 위에 사과를 깎아 올리는 일,
오이나무를 비추던 여름 햇빛의 분주에 잠시 어지러웠던
어느 하루라고 해 두자.

여행 말이다. 여행.
아니, 어쩌면 삶일 수도, 그게 사랑일 수도.

이곳들은 내가 밑줄 그어놓은 곳들이다.
내 여행이 머물렀던 징검다리 같은 곳이며
당신을 생각하기 일쑤였던 동쪽 해변의 간지러운 모래밭 같은 곳들이다.

내게는 한 여자와 두 아이가 있는데, 이 책에 실린 글이며
사진들 모두는 그들을 곁에 두려했던 일이라고 해두자.
그래, 그렇다고 해두면 되겠다.

모든 것이 당신을 사랑하며 사랑했던 일.
당신에게......................... 여행.

당신에게, 여행

2012년 07월 08일 초판 1쇄 펴냄
2015년 09월 10일 초판 12쇄 인쇄

지은이 최갑수
디자인 GINA
발행인 김산환
편집인 조동호
편 집 윤소영
펴낸곳 꿈의지도
인 쇄 정민문화
종 이 월드페이퍼

주소 경기도 파주시 광인사길 217
전화 070-7535-9416
팩스 031-955-1530
홈페이지 www.dreammap.co.kr
출판등록 2009년 10월 12일 제82호

ISBN 978-89-97089-12-3-13980